# 心理学100问

## 100个让你豁然开朗的生活实用指南

威叔——编著

民主与建设出版社
·北京·

© 民主与建设出版社，2025

**图书在版编目（CIP）数据**

心理学 100 问 / 威叔编著. -- 北京：民主与建设出版社, 2025. 6. -- ISBN 978-7-5139-4924-8

Ⅰ. B84-44

中国国家版本馆 CIP 数据核字第 20255B0K95 号

## 心理学 100 问
XINLIXUE 100 WEN

| | |
|---|---|
| 编　　著 | 威　叔 |
| 责任编辑 | 刘　芳 |
| 封面设计 | 李　璐 |
| 出版发行 | 民主与建设出版社有限责任公司 |
| 电　　话 | （010）59417749　59419778 |
| 社　　址 | 北京市朝阳区宏泰东街远洋万和南区伍号公馆 4 层 |
| 邮　　编 | 100102 |
| 印　　刷 | 鸿博昊天科技有限公司 |
| 版　　次 | 2025 年 6 月第 1 版 |
| 印　　次 | 2025 年 6 月第 1 次印刷 |
| 开　　本 | 880 毫米 ×1230 毫米　1/32 |
| 印　　张 | 11.25 |
| 字　　数 | 230 千字 |
| 书　　号 | ISBN 978-7-5139-4924-8 |
| 定　　价 | 78.00 元 |

注：如有印、装质量问题，请与出版社联系。

# 前言

本书精心选取了100个引人深思的心理学概念，从经典的心理现象到现代心理学的前沿议题，这些标题的内涵涵盖了自我认知、情绪管理、人际关系、人格发展等多个方面。每一个主题都是对某一心理现象的深度剖析，帮助读者更好地理解自我和他人，同时也为个人生活和工作提供了切实可行的建议。

在撰写这些章节时，力求用生动的语言和实用的案例将复杂的心理学理论通俗化，使其更易于理解和应用。希望读者能在书中发现心理学的魅力，通过对这些效应和理论的理解，提升自己的人生智慧，提高生活质量。

不管你是心理学爱好者，还是希望在工作和生活中引入心理学视角的从业者，这本书都将成为你值得信赖的伙伴。它不仅是一本知识的宝库，更是一次心灵的旅程，助你在心理世界中徜徉，找到属于自己的那份平静与和谐。

作者谨识

# 目录

## 第一章 心理人格与障碍

| | | |
|---|---|---|
| 01 | 分裂型人格障碍 | 003 |
| 02 | 社交型人格障碍 | 007 |
| 03 | 妄想型人格障碍 | 010 |
| 04 | 焦虑型人格障碍 | 013 |
| 05 | 双相情感障碍症 | 016 |
| 06 | 分离焦虑障碍症 | 021 |
| 07 | 缺爱型人格障碍 | 024 |
| 08 | 边缘型人格障碍 | 027 |
| 09 | 冲动型人格障碍 | 030 |
| 10 | 自毁型人格障碍 | 034 |
| 11 | 创伤后应激障碍 | 038 |
| 12 | 反社会型人格障碍 | 041 |
| 13 | 抑郁型人格障碍 | 044 |
| 14 | 依赖型人格障碍 | 047 |
| 15 | 自恋型人格障碍 | 050 |
| 16 | 情感调节障碍 | 054 |

## 第二章　心理学效应与现象

| | | |
|---|---|---|
| 17 | 巴纳姆效应 | 059 |
| 18 | 玫瑰色回忆效应 | 061 |
| 19 | 布里丹毛驴效应 | 064 |
| 20 | 伴侣睡眠效应 | 067 |
| 21 | 鸡群效应 | 069 |
| 22 | 缄默效应 | 073 |
| 23 | 费斯丁格效应 | 077 |
| 24 | 棘轮效应 | 080 |
| 25 | 达克效应 | 083 |
| 26 | 飞轮效应 | 086 |
| 27 | 杯子效应 | 089 |
| 28 | 深夜效应 | 092 |
| 29 | 门口效应 | 095 |
| 30 | 暴露缺点效应 | 098 |
| 31 | 冰激凌效应 | 101 |
| 32 | 12秒效应 | 105 |
| 33 | 酒与污水效应 | 109 |
| 34 | 社会惰化效应 | 113 |
| 35 | 赫洛克效应 | 116 |
| 36 | 拆屋效应 | 119 |
| 37 | 内卷化效应 | 122 |
| 38 | 弃猫效应 | 126 |

| | | |
|---|---|---|
| 39 | 野马效应 | 129 |
| 40 | 管窥效应 | 133 |
| 41 | 道德执照效应 | 137 |
| 42 | 破窗效应 | 141 |
| 43 | 虚假普遍性效应 | 144 |
| 44 | 饿老鼠效应 | 148 |
| 45 | 鲇鱼效应 | 153 |
| 46 | 最后通牒效应 | 156 |
| 47 | 暗示效应 | 160 |
| 48 | 青蛙效应 | 163 |
| 49 | 口红效应 | 166 |
| 50 | 镜像效应 | 168 |
| 51 | 白熊效应 | 171 |
| 52 | 焦点效应 | 173 |
| 53 | 瀑布心理效应 | 177 |
| 54 | 穿针效应 | 181 |
| 55 | 酝酿效应 | 185 |
| 56 | 黑羊效应 | 188 |
| 57 | 阿伦森效应 | 192 |
| 58 | 皮格马利翁效应 | 196 |
| 59 | 甜柠檬效应 | 199 |
| 60 | 跳蚤效应 | 202 |
| 61 | 踢猫效应 | 205 |

| 62 | 安慰剂效应 | 208 |
| 63 | 狄德罗效应 | 211 |
| 64 | 霍布森选择效应 | 215 |
| 65 | 蔡格尼克效应 | 218 |
| 66 | 木桶效应 | 222 |
| 67 | 煤气灯效应 | 226 |
| 68 | 路西法效应 | 229 |
| 69 | 空白效应 | 234 |
| 70 | 奖惩效应 | 238 |
| 71 | 18个月效应 | 242 |
| 72 | 闭门羹效应 | 246 |
| 73 | 霍桑效应 | 248 |
| 74 | 古烈治效应 | 249 |
| 75 | 瓦伦达效应 | 253 |
| 76 | 淬火效应 | 255 |

## 第三章　思维与行为模式

| 77 | 心理防御机制 | 263 |
| 78 | 250定律 | 266 |
| 79 | 认知重构 | 268 |
| 80 | 焦虑性思维 | 271 |
| 81 | 周哈里之窗 | 274 |
| 82 | 矛盾型依恋 | 277 |

| | | |
|---|---|---|
| 83 | 反向形成 | 281 |
| 84 | 代际传递 | 284 |
| 85 | 吹狗哨式虐待 | 288 |
| 86 | 穷思竭虑 | 290 |
| 87 | 防御性利他主义 | 293 |
| 88 | 5分钟法则 | 296 |
| 89 | 梅拉宾法则 | 300 |
| 90 | 红色按钮综合征 | 304 |
| 91 | 睡前妄想症 | 309 |
| 92 | 多巴胺戒断 | 313 |
| 93 | 情绪性进食 | 319 |
| 94 | 祛魅 | 323 |
| 95 | 隐性虐待 | 327 |
| 96 | 冻结创伤反应 | 332 |
| 97 | 鲁莽定律 | 335 |
| 98 | 情感紊乱症 | 338 |
| 99 | 冒充者综合征 | 342 |
| 100 | 梦境暗示 | 345 |

# 第一章 心理人格与障碍

# 01 分裂型人格障碍

## （一）什么是分裂型人格障碍

分裂型人格障碍（Schizoid Personality Disorder，SPD）是一种较为少见的个体心理障碍，属于人格障碍的范畴。其特征主要包括情感冷漠、社交退缩、无法体验快乐等。这种人格障碍会显著影响个体的社会功能和生活质量，通常在成人早期开始表现明显。

分裂型人格障碍与精神分裂症有显著区别。尽管名字相似，但分裂型人格障碍没有精神分裂症那些严重的精神病性症状，如幻觉、妄想。

## （二）分裂型人格障碍的主要特征

- **情感冷漠**：个体通常表现出明显的情感冷淡，他们很少显示出愤怒、快乐等情感反应，即便在面对重大生活事件时亦如此。他们往往被视为冷漠或无趣的人。
- **社交退缩**：个体在社交场合中通常显得格格不入，常选择孤独的生活方式，避免与他人建立亲密关系。他们偏爱单独活动，并且很少感到孤独或忧伤。
- **兴趣有限**：个体对大多数活动缺乏兴趣和动力，几乎不参加社交活动或享受娱乐。他们通常对外界刺激反应平淡，倾向于从事独立和单调的活动。
◎ **幻想生活**：尽管与外界接触较少，但个体可能拥有丰富的内心幻想生活。这些幻想可以成为他们生活的核心部分，但通常不会与他人分享。

### 案例

珍妮是一名30岁的图书管理员，她的一生似乎永远沉浸在书本的世界中。从小，珍妮就表现出与同龄人明显不同的行为——当其他孩子在操场上嬉戏追逐时，她总是独自一人坐在角落里看书。长大后，珍妮进入了一所顶尖大学，但在4年里，她几乎没有朋友，甚至在毕业典礼上也选择独自一人默默离开。

工作后，珍妮依然没有改变她孤独的生活方式。她的同事们发现，无论公司举办什么活动，珍妮从来不参加。有人曾试图邀请她出去喝咖啡，但都被她婉拒了。她从不谈论自己的情感世界，总是用简短的回复结束对话。

在心理咨询师的帮助下，我们了解到，珍妮其实并不认为自己有任何问题。她觉得自己生活得很充实，每天在书本中探索世界，编织自己的幻想，她对此感到满足。但是，从外部来看，她显得冷漠、孤独，与世界格格不入。

## (三)病因分析

- **生物因素**:一些研究表明,遗传因素可能在分裂型人格障碍的发展中起到了一定作用。如果家庭中有精神分裂症或分裂型人格障碍的病史,个体患病的风险可能会增加。
- **心理因素**:童年早期的情感缺失或忽视,尤其是与父母或看护者之间缺乏亲密关系,可能导致个体发展出分裂型人格障碍。
- **社会因素**:社会环境如何影响个体的自我认知和社会互动模式也值得关注。那些在童年或青少年时期缺乏社交互动经历的人,可能更容易发展出类似的性格特质。

分裂型人格障碍会对个体的职业生涯和个人生活造成巨大影响。由于社交退缩和情感冷漠,这些人很难成功地与同事合作或者建立并维护长期的亲密关系。他们往往选择独立性高的职业,如科研、信息技术、一线员工等。

## (四)疗愈方法

目前尚无针对分裂型人格障碍的特效药物,其治疗主要依赖于心理治疗。以下是常见的治疗方法。

- **认知行为疗法(Cognitive Behavioral Therapy,CBT)**:帮助个体识别和改变负面的思维模式和行为,通过逐步增加社交参与,减轻他们的社交焦虑和孤独感。

◎ **心理动力学治疗**：探讨个体的早期生活经历和内心冲突，帮助他们理解情感冷漠背后的原因并找到解决方法。

◎ **社交技能训练**：教授个体基本的社交技能，帮助他们更好地与他人互动，形成积极的社会关系。

虽然分裂型人格障碍的治疗过程可能漫长而复杂，但通过适当的治疗方法和支持，个体可以逐步改善生活质量，学会享受人际关系带来的乐趣。

分裂型人格障碍作为一种复杂的人格障碍，给个体和他们的亲人带来诸多挑战。通过深入了解这种障碍的特点、病因以及治疗方式，我们能更好地帮助个体找到适合他们的生活模式，提高他们的生活质量。珍妮的故事向我们展示了，虽然他们选择了与众不同的生活方式，但依旧可以找到属于自己的幸福和满足，只要有足够的理解和支持。

# 02 社交型人格障碍

## （一）什么是社交型人格障碍

社交型人格障碍（Social Personality Disorder，SPD）又称反社会人格障碍或反社会型人格障碍，指个体在社会行为、情感纽带和道德感方面存在严重缺陷。这类人往往缺乏对他人的同情和关心，表现出冷漠、欺骗、操纵和侵略等行为。社交型人格障碍是一种持久的、长期的行为模式，通常从青少年时期表现出来并持续到成年。

## （二）社交型人格障碍的主要特征

- ◎ **缺乏同情心**：个体对他人情感冷漠，难以理解或共情他人的痛苦。
- ◎ **欺骗和操纵**：个体常通过撒谎、欺骗或操纵他人以实现个人目的。
- ◎ **冲动和攻击性**：个体易冲动，常表现出暴力或侵略行为，难以控制情绪。
- ◎ **无视道德和法律**：个体忽视社会规范和法律，经常有违法或不道德的行为，且无悔意。
- ◎ **责任感缺失**：个体难以维持工作或履行个人、社会责任。

### 案例

李明从小就以自我为中心,他在学校里经常欺负同学,却在被问责时装无辜或者撒谎推卸责任。随着年龄的增长,这种行为愈演愈烈。在大学时,他常利用朋友的信任获取钱财,却从不偿还或感到愧疚。工作后,他频繁更换工作,总是因为欺骗和偷窃被解雇。

李明从不感到羞愧或内疚,即便在最亲近的家庭成员面前。他的行为时常给周围人造成严重的困扰和伤害。然而,李明自己似乎没有意识到这些问题,更别提主动寻求改变了。

## (三)病因分析

- **遗传因素**:研究表明,社交型人格障碍在一定程度上具有家族遗传性。某些基因可能会影响大脑功能,导致情感和道德感的缺失。
- **环境因素**:童年时期的环境,如家庭暴力、情感忽视或缺乏稳定的亲子关系,可能是诱发此类人格障碍的重要因素。
- **心理因素**:个体在童年时期经历的创伤、虐待或长期的压力可能导致其心态和行为模式的异常发展。

## （四）疗愈方法

社交型人格障碍的治疗挑战性很大，主要因为个体本身缺乏治疗的动机和自觉。

- ◎ **心理治疗**：认知行为疗法和精神动力学疗法是常用的心理治疗方法。治疗的目标是帮助个体理解其行为方式，对其心理模式进行调整。
- ◎ **药物治疗**：虽然没有专门针对社交型人格障碍的药物，但有时会使用抗抑郁药或情绪稳定剂来缓解个体的部分症状。
- ◎ **社会技能训练**：通过专业的技能训练，帮助个体学习建立和维持健康的人际关系。

社交型人格障碍不仅影响个体本人的生活，也给其家庭、朋友和社会带来深远的影响。我们通过了解其症状、病因和治疗方法，能够更好地识别和应对这种复杂的心理障碍。同时，公众和专业人员的支持与正确的干预，可以帮助个体走向康复。李明的故事是一个典型的案例，希望通过学习和研究，能减少类似案例的发生，促进社会的和谐与发展。

 **妄想型人格障碍**

## （一）什么是妄想型人格障碍

妄想型人格障碍（Paranoid Personality Disorder，PPD）是一种以长期且普遍存在的怀疑和不信任他人为主要特征的人格障碍。患有这种障碍的人往往对他人的动机存有偏执性怀疑，以致他们在社交和职业环境中遭遇诸多问题。妄想型人格障碍一般在成年早期显现，并在各种背景下持久存在。

## （二）妄想型人格障碍的主要特征

- ◎ **持久的怀疑和不信任**：个体普遍怀疑他人的诚意和动机，即使没有具体的证据支持这种怀疑。他们常常认为他人对自己有恶意或阴谋。
- ◎ **对无害事件的过分解读**：个体倾向于将中性或友好的行为解读为负面和恶意。
- ◎ **过分的自尊心和敏感**：个体常常对批评和负面反馈高度敏感，并且有过分的自尊心。任何形式的批评都可能被他们视为人身攻击。
- ◎ **敌意和防御性**：由于长期怀疑和紧张，个体常常表现出敌意和防御性，难以建立和维持信任关系。

**案例**

张先生是一名45岁的独居男性,职业是软件工程师。他聪明能干,但在工作和生活中始终感到被孤立。他总是怀疑同事在背后议论自己,认为上司对他抱有敌意。在公司一次例行的团队建设活动时,张先生因碰巧没有收到电子邮件通知,立刻断定这是同事们故意排挤他的阴谋。

在生活中,他同样表现出对邻居的怀疑。他坚信邻居故意在半夜制造噪音以打扰他睡觉,并且认为超市员工总是偷偷更换他要购买的商品以欺骗他。张先生因此与周围的人关系紧张,深陷孤立的境地。

## (三)病因分析

- **遗传因素**:研究表明,妄想型人格障碍在某些家族中更为常见,提示该障碍可能具有遗传基础。
- **早期经历**:童年时期的创伤经历,如虐待或长期的忽视,可能导致个体发展出对他人持久的不信任态度。
- **心理发育**:一些理论指出,个体在成长过程中若缺乏安全感和信任感,可能会导致他们成年后发展出偏执的性格特点。

## (四)疗愈方法

尽管妄想型人格障碍难以完全治愈,但通过心理治疗和药物治疗可以有效帮助个体提高生活质量。

- ◎ **认知行为疗法(CBT)**:这种治疗方法可以帮助个体识别和挑战他们的不合理思维和信念,逐步改善对他人的信任感。
- ◎ **药物治疗**:在某些情况下,抗抑郁药物或抗焦虑药物可以减轻个体的症状,但通常应结合心理治疗进行。
- ◎ **家庭治疗**:通过家庭治疗,帮助个体的亲人更好地理解病情,并寻找支持个体的有效方式。

妄想型人格障碍是一种严重影响患者社交和职业功能的心理障碍,持久的怀疑和不信任使得个体极难建立和维持正常的人际关系。通过科学的治疗和有效支持,个体有望逐步改善生活质量。社会与心理学界对这一障碍的研究和关注,无疑为个体提供了更多的了解和干预的机会,从而让他们重拾信任和希望。

## 04 焦虑型人格障碍

### （一）什么是焦虑型人格障碍

焦虑型人格障碍（Anxious Personality Disorder，APD）又称回避型人格障碍（Avoidant Personality Disorder，AVPD），是一种长期的、全方位的心理状态，其特征是个体在社交和专业场合表现出极度的不安和自卑感。这些个体通常非常敏感，害怕被拒绝或被批评，因此会倾向于回避社交活动，对新环境产生极大的焦虑感。

### （二）焦虑型人格障碍的主要特征

- **极度害怕负面评价**：个体非常在意他人的看法，并极度害怕被批评或负面反馈。他们常常觉得自己不如他人，缺乏自信。
- **社交回避**：由于害怕被拒绝或被嘲笑，个体会尽量避免参加社交活动。在不得不参加的情况下，他们也会表现得非常紧张和不安。
- **自我孤立**：个体会选择自我孤立，避免不必要的社交接触，以减轻焦虑感。这种孤立行为在长期内可能发展为抑郁症。
- **极度敏感**：个体对别人无意的言行非常敏感，容易揣测他人的负面意图，并对此深信不疑。

### 案例

小丽是一名29岁的女性，尽管她在大学时成绩优秀，但在每次面试中都异常紧张，面试结果常常不尽如人意。她在工作中非常害怕与同事和领导交谈，总是担心自己会说错话或做错事，从而导致表现失常。为了避免这些可能的尴尬场面，她尽量减少与他人的沟通，也不敢提出任何新的建议或意见。

她的心灵深处充满自我怀疑和强烈的不安感。每当她尝试在社交场合展示自我的时候，她内心都会冒出失败的画面，并最终选择沉默。这种情况已经严重影响了她的职业发展和个人生活。

## （三）病因分析

◎ **遗传因素**：一些研究表明，焦虑型人格障碍可能具有一定的遗传倾向。家庭中有类似障碍的成员，后代患上此类障碍的可能性较高。

◎ **童年经历**：早年遭受拒绝、嘲笑或过度批评的个体更容易发展出焦虑型人格障碍。他们在早年形成了对自我能力和价值的负面认知，并将其带入成年生活。

◎ **认知模式**：此类个体通常具有负面的自动思维模式。他们倾向于在任何情景中都预设最坏的结果，并将自己的失败和他人的批评扩大化。

## （四）疗愈方法

- **认知行为疗法（CBT）**：CBT是目前治疗焦虑型人格障碍的主要方法。它通过改变个体的负面思维模式和行为反应，帮助他们建立更积极的自我认知和行为模式。
- **心理动力学治疗**：这类治疗旨在帮助个体理解潜在的心理冲突和过去的创伤对当前行为的影响，通过深入探讨个人历史和潜意识，促进深层次的心理转变。
- **药物治疗**：在某些情况下，医生可能会建议个体使用抗焦虑药或抗抑郁药，以缓解严重的焦虑症状。但药物治疗通常只是辅助手段，应与心理治疗结合使用。

除了专业治疗，家庭和社会支持也是缓解焦虑型人格障碍的重要因素。

- **建立支持网络**：鼓励个体与值得信赖的朋友和家人保持联系，建立稳定的支持系统。
- **参与社交活动**：尽管社交活动对个体来说可能是巨大的挑战，但应逐步增加参与，逐渐提升社交自信心。
- **自我照顾与放松技巧**：通过瑜伽、冥想、深呼吸练习等放松技巧，帮助个体缓解日常的焦虑情绪。

焦虑型人格障碍虽然是一种复杂且具挑战性的心理障碍，但通过科学的治疗方法和良好的支持系统，许多个体能够逐步改善其生活质量。理解并接纳自己，勇敢面对内心的恐惧，是克服这一障碍的关键。在心理学的帮助下，隐匿在心灵深处的恐惧终将有机会得到疗愈与释放。

# 05 双相情感障碍症

## （一）什么是双相情感障碍症

双相情感障碍症，是一种复杂的情绪障碍，其核心特征是情绪状态的极端波动，包括极端的高涨（躁狂期）和极端的低落（抑郁期）。这种情绪波动超出了常人因应生活事件的正常情绪反应范围，足以影响个体的社会功能和日常生活。根据美国精神医学协会发布的《精神疾病诊断与统计手册》（DSM-5），双相情感障碍症分为双相情感障碍I型和II型两种主要类型，区别在于躁狂期和轻躁狂期的严重程度。

## （二）双相情感障碍症的主要特征

### 1. 躁狂期的主要特征

- 情绪高涨：极端的快乐、兴奋或易怒。
- 能量增加：睡眠需求减少，但精力充沛。
- 思维加速：快速的思维跳跃，说话速度加快。
- 过度自信：过分乐观和自我评价过高。
- 冲动行为：包括冲动购物、性冲动增加或冒险行为。

2. 抑郁期的主要特征

- 情绪低落：持续的悲伤、空虚或绝望感。
- 能量下降：感到疲惫，对日常活动缺乏兴趣。
- 认知功能受损：集中注意力困难，决策能力下降。
- 自我价值下降：感到无价值或罪恶感。
- 生命绝望：极端情况下可能出现自杀想法或行为。

### 案例

李明从大学时期开始经历情绪的极大波动。有时他感觉自己的生活充满无尽的活力和快乐，高涨的情绪让他几乎不需要睡眠，却可以在课堂上保持高度集中的注意力，回答问题思路清晰。但这种情绪的高潮总是短暂的，随之而来的是长时间的抑郁期。在抑郁期，他几乎无法离开房间，对周围的一切失去了兴趣，内心充满了绝望和无价值感。家人和朋友对他的这种情绪变化感到困惑，有人认为他只是情绪不稳定，直到几年后，李明被确诊为双相情感障碍I型。

在一个躁狂期内，李明的行为变得异常冲动。他连续几个晚上几乎不睡觉，在网上疯狂购买各种商品，从电子产品到服装，甚至是他一点儿都不懂行的古董。他的行为让家人感到非常焦虑和困惑。另一段时间，李明进入了严重的抑郁期，他几乎无法与任何人交流，整天躺在床上，对食物失去了兴趣，体重在短时间内急剧下降。家人开始意识到，李明的情绪波动不是情绪不稳定，而是严重的心理问题。

李明的家族中有几名近亲有心理问题，他的一名叔叔就患有双相情感障碍症。此外，李明在成长过程中经历了几次大的家庭变故，如父母离婚和搬家，这些事可能触发了他的病情。成年后，工作压力和人际关系的复杂进一步加剧了他的病情。遗传与环境的双重影响，使得李明的情绪问题更加复杂和难以管理。

在确诊后，李明开始服用情绪稳定剂锂盐，以控制躁狂期的症状。药物帮助他减少了冲动行为，改善了睡眠质量。在抑郁期，他同时服用抗抑郁药，以提高情绪和能量水平。尽管药物治疗初期有一些不良反应，如口干、手抖等症状，但随着时间的推移，李明逐渐适应了这些药物，症状得到了明显缓解。

李明接受了认知行为疗法（CBT），这帮助他学会了识别和改变那些有害的思维模式。例如，他学会了如何管理冲动购物的行为，通过设立预算和制定购物清单避免失控。家庭治疗也对李明的恢复起到了关键作用。他的家人接受了关于双相情感障碍的知识培训，学会了如何更好地支持他，改善了家庭关系。此外，李明还加入了双相情感障碍患者支持小组，通过与其他患者的交流，他感到自己并不是孤独的，学到了许多应对情绪波动的实用技巧。

李明意识到了规律的生活习惯对控制病情的重要性。他建立了固定的睡眠时间表，每晚保证7个到8个小时的睡眠，早上固定时间起床。他开始定期参加体育活动，如慢跑和瑜伽，这些活动不仅帮助他保持身体健康，也改善了他的心理状态。此外，李明学会了压力管理技巧，如冥想和深呼吸，这些方法在情绪波动时尤其有效。他逐渐减少了咖啡因和酒精的摄入，避免了这些刺激物对情绪的影响。

## （三）病因分析

双相情感障碍症的确切病因尚未完全明了，但研究表明，遗传、神经生物学因素、环境因素以及生活事件都可能与其发病有关。遗传因素在双相情感障碍症中扮演重要角色。有研究显示，如果家族中有双相情感障碍症患者，个体发病的风险将显著增加。此外，大脑化学物质的不平衡、生活中的重大压力事件和环境因素也被认为是触发双相情感障碍症的潜在因素。

## （四）疗愈方法

双相情感障碍症的治疗通常需要综合性策略，包括药物治疗、心理治疗和生活方式的调整。

### 1.药物治疗

- ▶ 情绪稳定剂：如锂盐，用于控制个体躁狂期症状和预防情绪波动。
- ▶ 抗抑郁药：用于缓解个体抑郁期的症状。
- ▶ 抗精神病药：在某些情况下，用于控制个体躁狂期的严重症状。

### 2.心理治疗

- 认知行为疗法（CBT）：帮助个体识别和改变有害的思维和行为模式。
- 家庭治疗：教授家庭成员关于疾病的相关知识，改善家庭动态。
- 群体治疗：提供情感支持，学习他人的应对策略。

### 3.生活方式的调整

- 规律的生活习惯：建立健康的睡眠模式，保持适度的运动。
- 压力管理：学习放松技巧，如冥想、深呼吸等。
- 避免刺激物：限制咖啡因的摄入，避免药物滥用。

双相情感障碍症是一种影响深远的情绪障碍，它不仅挑战着个体，也挑战着医疗专业人员和研究者。通过深入了解其复杂的本质，采用综合治疗方法并在治疗过程中考虑个体差异，个体可以获得显著的改善并实现更高的生活质量。同时，社会层面的支持和教育是不可或缺的，它们为个体消除污名提供必要的资源，从而使患者能够更好地适应生活。

## 06 分离焦虑障碍症

### （一）什么是分离焦虑障碍症

分离焦虑障碍症（Separation Anxiety Disorder，SAD）是一种特定形式的焦虑症，它不仅影响儿童，也可能持续存在于成年人中。其核心症状是个体对与亲密关系者（如家人）分离的过度恐惧和不安。这种恐惧感不仅限于预期的分离，即使是短暂的或日常的分离（如上学、上班）也能引发个体强烈的焦虑反应。分离焦虑障碍症的这种特性使得个体在日常生活中遭受极大的困扰，影响社交、工作和学习。人们对分离焦虑的自然反应在儿童成长的早期阶段是正常且必需的，但当这种焦虑持续到成年或在孩童和青少年时期表现得异常强烈时，就可能被诊断为分离焦虑障碍症。

### （二）分离焦虑障碍症的主要特征

- ◎ **强烈的恐惧或焦虑**：源于对分离的预期或实际发生。
- ◎ **持续的担忧**：担心亲密关系者会受伤或遭遇不幸。
- ◎ **避免分离**：如逃避学校、社交场所或独自一人。
- ◎ **身体症状**：如头痛、恶心，这些症状通常在分离即将发生或正在发生时出现。

### 案例

小梅是一名28岁的年轻女性,从她记事起,就一直生活在对母亲的过度依赖中。上幼儿园时,她每天都哭闹着不愿与母亲分开。上学后,她经常因为担心母亲的身体状况而无法专心学习。小梅的这种状态一直持续到成年,她在大学时期依旧每隔几个小时就要给母亲打电话。

进入职场后,小梅的情况愈发严重。她难以独自出差,每次都要求母亲陪同,错过了多个职业发展的机会,因为这些机会意味着她必须离开母亲。她经常出现头痛、胃痛等症状,特别是在她独自一人时。她的工作效率低下,几乎无社交。

通过咨询,心理咨询师发现小梅的分离焦虑源于她的家庭背景。她的父亲早逝,母亲是一名极度保护型的家长,从小对小梅的生活进行严密控制。母亲总是告诉小梅外面的世界充满危险,这种长期的灌输加深了小梅对分离的恐惧。此外,小梅在青春期经历了一次与母亲的长期分离(母亲因病住院),这次经历使她对分离产生了更深的恐惧。

## (三)病因分析

分离焦虑障碍症的病因并不是单一的,它可能是遗传、环境因素和个人经历共同作用的结果。心理学研究表明，某些家庭的遗传易感性可能会增加分离焦虑障碍症的风险。此外，过于保护或过于拘束的家庭环境，尤其是在儿童早期，也被认为是一个关键因素。经历过创伤，如亲人的丧失或重大生活变动，也可能触发分离焦虑的发展。

## （四）疗愈方法

- ◎ **认知行为疗法（CBT）**：帮助患者识别和改变导致焦虑的负面思维模式，并学习应对策略。
- ◎ **家庭疗法**：指导家庭成员如何支持患者，同时调整可能促进焦虑的家庭动态。
- ◎ **药物治疗**：在某些情况下，抗焦虑药物或抗抑郁药物可能被推荐用于减轻症状。

分离焦虑障碍症是一个复杂而深刻的心理健康问题，它触及个体对安全与归属的深层需要。通过理解它的概念、特征和成因，我们能更好地支持那些受它影响的人。凭借现有的治疗方法和对个体需要的深刻理解，分离焦虑障碍症并非无法克服。在心理健康专业人士的帮助下，个体可以学习管理自己的焦虑，朝更健康、更充实的生活迈进。

#  缺爱型人格障碍

## （一）什么是缺爱型人格障碍

缺爱型人格障碍并非一个正式的诊断类别，而是用来描述那些在成长过程中经历了情感缺失、忽视或虐待并因此发展出一系列不适应性思维和行为模式的个体。这种情况通常根源于早期亲子关系，特别是在婴儿期和童年期，当孩子对情感支持和爱的需求最为迫切时。

## （二）缺爱型人格障碍的主要特征

- ◎ **依赖性行为**：深度渴望关注和爱，可能表现出极度依赖他人的行为。
- ◎ **自我价值感低下**：长期的情感缺失可能导致个体对自身价值的怀疑，经常感到自己不够好或不值得被爱。
- ◎ **关系问题**：可能会在建立和维持人际关系中遇到困难，包括极端的信任问题或过度理想化他人。
- ◎ **情绪调节困难**：缺乏安全感可能导致情绪波动大，难以有效管理自己的情绪。
- ◎ **防御机制**：可能会发展出一系列防御机制，如否认、分裂、投射等，以保护自己不受情感伤害。

## （三）缺爱型人格障碍对个体的影响

- **心理健康问题**：包括焦虑、抑郁、自我伤害行为甚至自杀念头。
- **社交功能障碍**：困难的人际关系可能导致个体社交孤立，进而影响社会功能的正常发挥。
- **职业挑战**：低自尊和人际关系问题可能影响个体的职业选择和职场表现。
- **自我实现障碍**：深感不被爱和不被接受的个体可能会放弃追求个人梦想和目标。

## （四）疗愈方法

- **心理治疗**：认知行为疗法（CBT）、心理动力学疗法、人际疗法等，可帮助个体理解和改变不适应的思维和行为模式。
- **情感教育**：学习情绪管理技巧，建立健康的自我概念和自我价值感。
- **支持性治疗**：加入支持团体，与经历相似的人分享、交流，感受被理解和接纳。
- **家庭治疗**：如果可能，家庭治疗可以帮助修复和改善家庭关系，建立更健康的亲子沟通和互动模式。

尽管缺爱型人格障碍并非一个正式的诊断分类，但它描述了一群因早期缺乏情感支持和关爱而遭受心理困扰的人。通过了解其特征和影响，我们不仅可以为受影响的个体提供更有针对性的支持和治疗，也能增强社会对这一问题的认识和理解。在心理健康的道路上，每一步向前都是个体走向自我救赎和成长的重要一步。

# 08 边缘型人格障碍

## （一）什么是边缘型人格障碍

边缘型人格障碍（Borderline Personality Disorder，BPD）是一种复杂而深刻的心理疾病，其特点是情感不稳、人际关系问题、自我形象扭曲和显著的冲动行为。个体在处理人际关系、情绪和自我认知方面面临重大挑战。边缘型人格障碍中的"边缘"原指这些个体在神经症和精神病之间的状态。

## （二）边缘型人格障碍的主要特征

1. 强烈害怕被遗弃，不管是真实的还是想象的。
2. 模式不稳定和强烈的人际关系，理想化与贬低他人交替出现。
3. 身份感的不稳定，自我形象、志愿、职业选择等方面显著和持续的不稳定。
4. 自伤行为、自杀行为或自杀威胁。
5. 情绪波动剧烈，常有情绪突发事件。
6. 通常感到空虚。
7. 易怒或怒火难以控制。
8. 在极端压力下有短暂的偏执或严重的解离症状。

## （三）边缘型人格障碍对个体的影响

- **人际关系困难**：个体时常因为情绪不稳和冲动行为破坏人际关系。
- **工作生活受限**：由于情绪和自我认知问题，个体的工作与社交活动可能会遇到困难。
- **心理健康问题**：个体有较高的可能性出现抑郁、焦虑等心理问题。

## （四）病因分析

边缘型人格障碍的病因复杂，包括遗传因素、大脑结构与功能的异常、不健康的家庭环境，如幼年时期遭遇忽视、虐待或不稳定的关系等。

### 案例

丽莎是一名有边缘型人格障碍的年轻女性，她的情绪起伏难以预测，周围的人与她交往感觉就像踏入了一座未知的情绪迷宫。她或许上一秒还阳光灿烂，但下一秒就可能爆发暴风雨般的愤怒，原因可能只是一条小小的评论或是一个微不足道的变化。她的朋友们感到困惑，不知如何是好，但也因为害怕她的突然变化而逐渐疏远了她。

在一次又一次的人际交往失败后，丽莎开始意识到自己的问题。她记得自己在童年时曾经历过父母的分离和暴力纠纷，那时的恐惧和无助似乎在她成年后的行为中重现。

在认识到自身问题并开始寻求帮助后，丽莎开始了自我发现之旅。心理治疗帮助她理解了自身的感受和行为模式并教会她如何管理自己的情绪和建立更健康的人际关系。每天的自我关怀练习让她慢慢感受到生活的意义并渐渐减少了对旧有防御机制的依赖。

## （五）疗愈方法

边缘型人格障碍的治疗方法旨在帮助个体更好地控制情感，改进人际关系，提升自我感知。

- ◎ **心理治疗**：特别是辩证行为疗法（Dialectical Behavior Therapy，DBT），专为治疗边缘型人格障碍而设计。
- ◎ **药物治疗**：对于伴随的抑郁、焦虑等症状，可能需要服用抗抑郁药物等。
- ◎ **自我关怀和情绪调节技巧**：学习如何识别、接受并合理调整自己的情绪。
- ◎ **建立稳定的人际模式**：通过家庭治疗和社会技能训练改善人际互动模式。

边缘型人格障碍犹如心灵的风暴，每一次情绪的剧烈波动都可能对个体造成巨大破坏。然而，通过正确的诊断与坚持不懈的治疗和支持，个体能逐渐学会应对内心的风暴，找到通向情绪稳定和心灵和谐的航道。

#  冲动型人格障碍

## （一）什么是冲动型人格障碍

冲动型人格障碍（Impulsive Personality Disorder，IPD）在心理学中并不是一个正式的诊断类别，它通常被认为是边缘型人格障碍的特征之一。人性深处，冲动象征着原始力量的释放，是人类在快速响应环境时必不可少的心理机制。然而，当冲动行为失去理智的束缚，变成一种持续性的心理模式时，便可能发展为冲动型人格障碍。患有该障碍的个体常常难以抵制冲动，无法进行长期规划或考虑行为后果。这种倾向在实际生活中表现为一系列具有潜在破坏性的行为。

## （二）冲动型人格障碍的主要特征

冲动型人格障碍的表现多种多样，如轻率的财务决策、爆发性的愤怒、冲动购物、滥交、酗酒、滥用药物等。它常以行为上的极端性、不稳定性表达，包括但不限于：

①冲动消费与赌博行为。

②刺激追求性行为或频繁更换伴侣。

③饮食失调行为。

④自我伤害行为。

⑤社交突变，如与他人发生争执或突然终止关系。
⑥快速变化的职业或生活目标。

### 案例

小王是一名28岁的年轻人。对他的朋友和家人来说，小王是一个既充满魅力又令人不解的人，他的冲动行为常常让周围的人感到困惑和担忧。

小王的行为模式充满了冲动性。他曾在一夜之间辞去稳定的工作，仅仅因为觉得那份工作"无聊"。这种冲动决策导致他的财务状况极不稳定，往往不到月末就已经花光了薪水。他喜欢冲动购物，尤其是购买价格高昂的电子产品和奢侈品，即便这意味着接下来数周他要靠方便面度日。

在感情方面，小王的冲动表现为频繁更换女朋友，有些甚至交往不到一个月就分手了。他对待感情的态度极不稳定，曾经对某个人极度依赖，随后又突然断绝联系，转而寻找新的"刺激"。他还有频繁的冒险行为，如不戴头盔骑摩托车，进行危险的极限运动等。这种高风险行为让他的家人和朋友倍感担忧。

心理咨询师在评估小王的行为时发现，他的冲动型人格障碍很大程度上与早期的不稳定家庭环境有关。小王的父母在他童年时期常常争吵，甚至有几次父亲因酒后冲动行为被捕。在这种环境中成长的小王，逐渐学会了用冲动行为应对生活中的压力和不确定感。

此外，小王的冲动行为部分源于他对情绪贫乏处理的能力。每当感到压力大或心情低落时，他会立即将注意力转移到能带来即时满足感的事情上，例如购物、寻找新的体验等。这种行为模式帮助他在短期内逃避了内心的困扰，但从长远来看，却加剧了他的问题。

## （三）病因分析

冲动型人格障碍的形成原因主要是生物学、心理学和社会环境三方面因素的交互作用。多项研究表明，遗传因素可能会增加个体冲动行为的风险。另外，早期的不稳定家庭环境、情绪忽视或滥用以及创伤经历都可能对个体人格的形成产生负面影响，从而引起冲动行为。

从心理动力学的角度看，这种人格障碍可能反映了自我控制与冲动之间的内在冲突。低效的应对机制和对情绪的贫乏处理能力是导致冲动行为的重要因素。

## （四）疗愈方法

◎ **认知行为疗法（CBT）**：帮助个体认识自己的冲动行为模式并逐渐建立起更健康的思维和行为模式。

◎ **辩证行为疗法（DBT）**：专门用于治疗边缘型人格障碍，帮助个体提高情绪调节能力，增强忍耐力和应对冲动行为的技巧。

◎ **心理动力学治疗**：通过探索个体早期经历和与他人的关

系模式来了解冲动行为的深层原因并帮助其发展更成熟的自我防御机制。

◎ **药物治疗**：个体可能有情绪波动和自伤行为，药物治疗有时也被用于缓解这些症状，如心境稳定剂或抗抑郁药。

冲动型人格障碍的治疗虽然有一定的挑战性，但通过综合性的治疗和有效的支持，个体有可能得到显著改善并学会管理自己的冲动行为，从而过上更加健康和稳定的生活。作为社会成员，我们也要对这种心理障碍持开放态度，对个体提供理解和支持，帮助他们重塑人际关系和自我认知，最终实现个体的内在平衡和社会的和谐融入。

# 10 自毁型人格障碍

## （一）什么是自毁型人格障碍

自毁型人格障碍（Self-Destructive Personality Disorder，SDPD）是一种鲜为人知却极具破坏力的人格障碍，这类障碍往往隐藏在行为的背后，个体经常对自身的健康、关系和福祉进行破坏性的行为。这些行为可能是有意识的，也可能是潜意识的反应模式。自毁型人格障碍可能不是一个正式的诊断类别，但它汇集了一系列自毁行为，这些行为可能出现在不同的人格障碍中，尤其是边缘型人格障碍。

### 案例

小丽是一名从外表看来极具吸引力的年轻女性，但她却有一段令人心碎的经历。她自我破坏的行为在青春期开始显露并在成年后逐渐恶化。

她在高中时期就表现出失控的冲动行为，如割伤自己、通过饮食失调来控制体重，在情感上极度依赖不健康的恋爱关系。每当感到孤独或无助时，她会通过自我伤害的方式来缓解内心的痛苦，从而感到自己存在的价值。

进入大学后，小丽的自我破坏行为进一步恶化。她在学业上表现出色，但每当面临重要考试或即将取得成就时，她会故意破坏自己的努力，如以"忘记"提交作业、在考试前夜沉迷于不健康的娱乐活动等方式。这种自我破坏的行为让她多次错失获得荣誉和奖项的机会。

在人际关系中，小丽也表现出明显的自我破坏倾向。她常常疏远那些真心为她好的人，而选择与那些只会带给她痛苦和困惑的人保持关系。她有过一段深陷其中的爱情，对方对她进行心理和情感上的虐待，但她仍然无法自拔，反而认为这是自己"应得"的。

小丽的自毁行为源于她的成长背景。在她很小的时候，父母忙于工作而忽视了她的情感需求。尽管物质上从未缺乏，但她的童年很孤独，被忽视的感觉一直伴随着她。这种环境下成长的小丽逐渐形成了负面的自我观，认为自己不值得被爱和尊重。每次她在潜在的成功或积极的关系面前退缩，都是出于对这种自卑感的不自觉反应。

此外，小丽还深受情绪调节困难的影响。每当有压力或情绪波动时，她无法采用健康的方式应对，而是通过自毁行为来缓解内疚和焦虑。

## （二）自毁型人格障碍的主要特征

◎ **失控的冲动行为**：自我伤害（如割伤自己）、赌博、药物滥用、饮食失调等冲动控制问题是自毁型行为的典型表现。
- **社交行为的自我破坏**：逃避积极的人际关系，拒绝他人的帮助，甚至主动破坏原本健康的友谊或浪漫关系。
- **职业和个人目标的自我破坏**：避免或逃离成功的机会，如毁掉大好的职业前景或放弃完成重要项目。
- **负面自我观**：深感自我价值低下，屡次体验内疚、羞愧或自我贬低的情绪。

## （三）病因分析

- **环境与成长背景**：某些个体可能是在缺乏稳定、支持性环境中长大，包括童年遭受忽视、虐待或其他形式的创伤。
- **遗传与生物学因素**：研究表明，人格障碍可能与遗传倾向和大脑化学功能失调有关。
- **认知失调**：错误的信念和思考模式可能导致自我价值感低下，使得个体重复自毁行为。
- **情绪调节困难**：难以处理强烈的情绪可能促使个体通过自毁行为缓解内心的痛苦。

## （四）疗愈方法

- **心理治疗**：通过认知行为疗法（CBT）、辩证行为疗法（DBT）等来改变个体的破坏性行为模式并提高个体的情绪调节能力。

◎ **药物治疗**：在一些情况下，药物可能用于治疗心境障碍、焦虑或其他与自毁行为有关的精神症状。

◎ **社会和家庭支持**：建立稳定的支持系统对个体改善社会功能、提高生活质量至关重要。

自毁型人格障碍是一个需要我们予以更多关注与理解的问题。通过悉心关照以及提供全面的干预和治疗，个体能逐渐摆脱自毁的阴影，朝更健康的生活方式前进。在心理学的指引下，对自毁行为的深入洞察可以开启一个新的治疗领域，使得曾经陷入自我破灭循环的人们找到出路，重获新生。

# 11 创伤后应激障碍

## （一）什么是创伤后应激障碍

在人生路上，某些事犹如暴风雨一样不期而至，无情地摧毁一切。它们给个体带来的伤痕并非都能随时光风化，有些精神上的创伤会长久地留在心中，像沉重的锚一样，拖累着人的灵魂。这种由创伤经历所触发的心理状态，被称为创伤后应激障碍（Post-Traumatic Stress Disorder，PTSD）。

创伤后应激障碍是一种严重的心理问题，常常发生在经历过极度恐怖或有生命危险的事件之后。这些事件可能包括战争、暴力攻击、严重事故、自然灾害、失去亲人等经历。创伤后应激障碍使个体在创伤发生后的很长一段时间内，仍持续经历与那个瞬间相关的心理痛苦。

## （二）创伤后应激障碍的主要特征

- ◎ **重现**：梦境、闪回或侵入性思维，让个体不由自主地重新经历创伤。
- ◎ **回避**：故意回避与创伤有关的思维、对话、人或地点。
- ◎ **负面情绪和思维的改变**：持续的恐惧、愤怒、罪恶感或羞愧感；对他人或对自己的感觉变得冷漠或与人疏远。

◎ **警觉和反应性增强**：容易被吓到、恼怒或具有攻击性；难以睡眠和集中注意力。

## （三）病因分析

现今心理学界普遍认为，创伤后应激障碍是一种复杂的生物心理社会性疾病，其成因涉及遗传、个人的生活经历、身体健康以及支持系统等多方面因素。某些人可能因为生物学上的脆弱性或早先的不良生活经验，更容易在面对极端事件时发展出创伤后应激障碍。

### 案例

玛丽是急诊室的一名护士，她目睹了一起严重的交通事故。那天晚上，她几乎没有休息，满脑子都是那名司机痛苦的叫喊和他身上的血迹。几个星期后，玛丽开始经历深夜的噩梦和日间的闪回，她不断回忆起那晚的景象，即使尽力想避开。

她开始避免开车，也不愿再谈论任何与车辆有关的事情。玛丽的家人注意到她变得容易激动且经常失眠，开始逐渐疏远自己的朋友和家人。

几个月过去了，虽然事故早已过去，但对玛丽而言，那创伤的场景好像就发生在昨天。这时，她的同事建议她去咨询心理治疗师。

在与心理治疗师的多次谈话中，玛丽了解到她可能患上了创伤后应激障碍,并开始了认知行为疗法以及眼动脱敏与再处理(EMDR)等治疗方式。虽然复原的过程缓慢且不易,但玛丽逐渐学会了管理她的创伤记忆,并找回了生活的平衡。

经过努力,玛丽重拾勇气面对自己的创伤经历,并逐步恢复正常的生活节奏。这个案例提醒我们,心灵的创伤尽管看不见,却是切实存在的,也需要时间和适当的治疗来愈合。

## (四)疗愈方法

- **心理治疗**:如认知行为疗法(CBT)、眼动脱敏与再处理(EMDR)等。
- **药物治疗**:一些药物可以缓解创伤后应激障碍的症状。
- **自助应对策略**:例如放松技巧、运动、艺术治疗等。

创伤后应激障碍的影响深远且复杂。它不仅影响人的精神状态,也给身体健康、人际关系和工作能力带来了负面影响。长期持续的压力和焦虑可能导致睡眠障碍、抑郁甚至自杀行为。它同样可以影响个体与家人、朋友的关系,因难以沟通和分享而导致孤立。

创伤后应激障碍是一个严峻的主题,但幸运的是,随着人们对心理健康问题的认识逐渐深入,现代治疗方法的日益进步,许多患者像玛丽一样,找到了从创伤中恢复的途径。创伤后并非没有曙光,关怀和专业的辅导总能携手带来希望。

## 12 反社会型人格障碍

### （一）什么是反社会型人格障碍

反社会型人格障碍（Antisocial Personality Disorder，ASPD）是以长期忽视或侵犯他人权利为特征的一种心理疾病，常见于法律冲突层出不穷的人群。这不仅仅是偶尔的违法行为，而是一种持续的行为模式，通常始于15岁之前。

### （二）反社会型人格障碍的主要特征

- **不尊重社会规范或法律**：频繁地进行可能违法的行为。
- **欺骗和利用他人**：为了个人利益或快感而撒谎、使用化名或欺骗他人。
- **冲动和失败预见后果**：决策匆忙，不考虑潜在的风险。
- **刺激追求、易怒和侵略性**：寻求刺激的行为以及对其他人的霸道和攻击性。
- **无责任感**：反复失责，如在持续工作或尊重财务义务方面的不稳定性。
- **缺乏内疚感或不为行为后果而痛苦**：缺乏对自己伤害他人的行为的悔恨。

### 案例

杰克是一名32岁的男性。上学时期，他因欺负他人、打架被多次停学。成年后，他的冲动行为再也没有停止过。他骗了许多人的钱财，包括他的家人和朋友，却总是为自己辩解说那些受害者是自找的。

即使多次被捕，杰克也没有改变。他无法长久维持一份工作，也无法建立长期的个人关系。哪怕面对直接的负面后果，杰克似乎也无法认识到自己的错误。

杰克的家庭成员意识到，如果没有专业的帮助，杰克将一直重复他的模式。他们帮助杰克进入了专门的治疗程序，尽管进展缓慢，但杰克至少开始对于一个更健康、遵守社会规则的生活方式持开放态度。

## （三）疗愈方法

反社会型人格障碍被认为是难以治疗的心理疾病，因为个体通常不愿意寻求帮助或不认为自己有问题。但如能主动、早点介入治疗，以下方法可能有所帮助。

- ◎ **心理治疗**：虽然难度较高，但认知行为疗法（CBT）在一些个案中被证明有助于改善症状。
- ◎ **药物治疗**：虽然没有专门用于治疗反社会型人格障碍的药物，但可用于管理并发症状如冲动或攻击性。

◎ **治疗并发疾病**：酒精或药物滥用等并发疾病的治疗有助于改善患者整体生活质量。
◎ **专业的治疗机构**：行为极端的反社会型人格障碍个体可能需要住院治疗和进行密集的心理干预。

治疗反社会型人格障碍是一个长期的过程，需要个体、家庭、治疗师以及整个社会的共同努力。了解和识别这个问题是开始治愈过程的第一步。

# 13 抑郁型人格障碍

## （一）什么是抑郁型人格障碍

抑郁型人格障碍（Depressive Personality Disorder，DPD）指的是以悲观、忧心和自我怀疑为首的稳定性格特质。这样的个体通常有持续低落的情绪，感觉生命缺乏快乐，并倾向于自责和内疚，通常与持续的消极情感和悲观性格特点相关。

## （二）抑郁型人格障碍的主要特征

- ◎ **慢性悲观态度**：总是看到事情最糟糕的面，对未来缺乏希望。
- ◎ **持续的忧郁情绪**：持久的、通常无明显原因的悲伤。
- ◎ **自我怀疑**：经常质疑自己的能力，感到无能为力。
- ◎ **自我责备和内疚感**：对过去的行为、想法、感受深感内疚。
- ◎ **感觉不到乐趣**：对通常给人带来快乐的活动不感兴趣。
- ◎ **社交退缩**：由于自卑感，倾向于避免社交场合。
- ◎ **逃避决策**：由于对失败的恐惧，往往逃避做出决策。

## （三）抑郁型人格障碍对个体的影响

- ◎ **导致抑郁症**：持续的消极和低落情绪可能进一步发展为抑郁症。
- ◎ **社会功能障碍**：在工作和社交场合的适应能力弱，社交退缩。
- ◎ **关系问题**：由于悲观和被动，导致与家人和朋友的关系紧张。
- ◎ **生活质量降低**：长期的负面情绪体验会降低生活的满意度和整体幸福感。

## （四）病因分析

抑郁型人格障碍的成因尚不完全清楚，可能与生物学因素、早期经历和心理、社会因素有关。

### 案例

黛安娜是一名常年悲观的会计师，她总是担忧会有灾难即将到来，即使她的生活表面上看起来波澜不惊。黛安娜对自己的工作能力一直抱有怀疑态度，她害怕犯错，从而影响团队的表现。无论同事如何安慰她，她总感到自己不够好。

即便黛安娜拥有稳定的收入和一个不错的职位，她却少有幸福感。内心的声音不断告诉她不配拥有成功或快乐。黛安娜的家人开始注意到她的问题,并鼓励她寻求帮助。

在心理咨询师的帮助下,黛安娜开始学习怎样认识并调整她自认为无足轻重的思考模式。随着时间的推移,她开始更客观地评估事情,并更加积极地参与工作和社交活动。虽然她的悲观性格特征并没有完全消失,但她学会了如何管理它们,以减少它们对自己生活的影响。

## (五)疗愈方法

- ◎ **心理治疗**:认知行为疗法(CBT)特别有助于挑战并改变个体消极的思维方式。
- ◎ **药物治疗**:在个体有抑郁症的情况下,抗抑郁药可以帮助改善情绪。
- ◎ **社交技能培训**:提高个体的社交技能和自信,减少社交恐惧。
- ◎ **生活方式改变**:定期锻炼、健康饮食和足够的睡眠可能有助于提升个体情绪。
- ◎ **正念和冥想**:培养正念可以帮助个体活在当下,改善个体对生活的态度。

## 14 依赖型人格障碍

### （一）什么是依赖型人格障碍

依赖型人格障碍（Dependent Personality Disorder，DPD）是一种以长期过分依赖他人来满足情感和身心需求为特点的人格障碍。患有这种障碍的个体通常对自己缺乏信心，害怕独立，极力避免被遗弃。

### （二）依赖型人格障碍的主要特征

①难以独立做决定，总是需要他人保证、建议或决定。

②对于分离有着极端的恐惧。

③在一段依赖关系结束后，急切地寻找另一段依赖关系以获得支持和关怀。

④缺乏自信，不相信自己能够独自处理日常生活中的事。

⑤为了获得支持和关照，不惜挑战自己的需求、意愿和信仰。

⑥常感觉无助，担心自己无法独自生存。

⑦在密切关系中，对另一方有着过分和臣服的姿态。

## （三）依赖型人格障碍对个体的影响

- ◎ **决策能力受损**：对独立做出决策感到恐惧，生活受限于他人的指引和意见。
- ◎ **自我价值缺失**：将自我价值寄托在他人的认可和支持上，忽略个人内在价值和潜能。
- ◎ **人际关系紧张**：过度的依赖可能导致依赖者认为的支持者感到压力巨大，从而使二者的关系变得紧张。
- ◎ **忽视个人需求**：为了维持关系，个体可能牺牲自己的需求和欲望。

## （四）病因分析

依赖型人格障碍的形成可能与多种因素有关，包括遗传倾向、早年家庭环境、亲密关系中的相处模式等。而保护过度或早期曾经历重大分离的个体更可能发展出这种人格障碍。

### 案例

艾米是一名30岁的图书管理员。她的社交能力很差，总是依赖母亲来做出生活中的各种决定。她的母亲去世后，艾米陷入了深深的无助和恐慌中，她甚至不知道如何支付日常账单或管理家庭事务。

为了寻求支持，她匆忙与一名个性刚强的伴侣同居，但很快发现这段关系限制了她的个性发展，因为她总是默默接受伴侣的一切决定，完全失去了自我。

经过一次与朋友的对话，艾米意识到自己需要改变。她开始寻求心理咨询，了解到独立和自我赋权的重要性。

随着时间的推移，艾米学会了自己管理生活并为自己的行为负责。她意识到，虽然生活中的支持和关怀很重要，但发展独立和自主能力同样重要。最终，艾米找到了均衡的独立与依赖的状态，不仅增强了她的个人幸福感，也提升了其人际关系的健康度。

## （五）疗愈方法

- **增强自信**：通过小步骤，如自行做决策、学习新技能，逐步建立自信心。
- **自我认识**：通过心理辅导，了解自己的内在需求和欲望并学会表达。
- **发展独立技能**：学习财务管理、时间管理等独立生活技能。
- **培养内在安全感**：认识到自己的价值，不必完全依赖他人。
- **疗法参与**：心理治疗，特别是认知行为疗法，可以帮助个体改变对依赖的需求和恐惧。

# 15 自恋型人格障碍

## （一）什么是自恋型人格障碍

自恋型人格障碍（Narcissistic Personality Disorder，NPD），是一种较为复杂的人格障碍。它源自希腊神话中爱上自己倒影的美少年纳西索斯。现代心理学将其定义为个体对自己的关注、欣赏以及自我重视的过度膨胀表现，也涉及一系列持续性的行为模式，如这类人格的个体通常表现出极大的自负、缺乏同情心和利用他人来满足自己的需求等。

## （二）自恋型人格障碍的主要特征

①夸大自己的成就和才能，渴求无限的赞美和认同。
②沉迷于幻想自己的成功、权力、美貌或是理想的爱情。
③相信自己的特殊性，只能被同样特别或地位高的人理解。
④需求过度的钦佩。
⑤利用他人达到自己的目的。
⑥缺乏同情心，不愿意或不能认同他人的感受与需求。
⑦嫉妒他人或相信别人嫉妒自己。
⑧表现出傲慢和高傲的态度。

## (三)自恋型人格障碍对个体的影响

这类人格的个体在社交和职场上可能会因其表现出的自信和领导力而初步获得成功。然而,长远来看,自恋型人格对个体自身及其与他人的关系有着极大的负面影响。

- ◎ **关系破裂**:由于缺乏真正的同情心和利他性,个体同他人难以维持长久的人际关系。
- ◎ **职业挣扎**:固执己见和缺乏团队合作精神使得个体在工作中遇到阻碍。
- ◎ **心理问题**:长期的孤立和社交困难可能导致个体出现抑郁、焦虑等心理问题。
- ◎ **亲社会行为的缺失**:个体无法建立稳定的亲社会行为模式,例如更多的利己行为。

## (四)病因分析

自恋型人格障碍的病因多样,通常是多因素共同作用的结果。部分理论认为,其病因可能与个体的童年经历相关,如过度宠溺或严厉批评都可能会对个体幼年时期的自我形象造成影响。同时,遗传、神经生物学因素以及文化背景都可能在其中发挥作用。

**案例**

红是名颇有才华的咨询师，人送外号"明星顾问"，有着迷人的笑容和无人能比的自信。在任何场合做自我介绍时，仿佛自己能解决世间一切难题。他周围的人刚开始会被其能力和魅力所吸引，但很快他们就发现红更在乎自己的声誉而非客户的实际需求。

红的助手蓝，是个踏实且努力的年轻人，但红很少认真听取蓝的意见，甚至在客户面前贬低他而夸耀自己的业绩。蓝的创意和努力常常被忽略或归功于红，他逐渐感到沮丧和不被尊重。随着时间的推移，团队的士气逐渐低落，优秀员工开始离开。当红意识到自己周围的人都在避开他时，他惊讶地发现自己已经处于孤立无援的境地。

最终，红在生活和事业中陷入困境后，开始尝试一些方法。起初很困难，但在坚持不懈的努力下，他看到了自己的变化，不仅会听取蓝的意见，还会积极赞扬团队其他成员。慢慢地，他和同事们的关系得到了修复，团队的工作氛围也变得更加融洽。

## （五）疗愈方法

◎ **心理治疗**：通过认知行为疗法和人格组织疗法等专业心

理治疗手段，帮助个体认识和改变不健康的思维和行为模式。
- ◎ **家庭教育**：实施适当的家庭教育策略，促进个体健康人格的形成。
- ◎ **培养同情和同理心**：通过情感教育和社交技能训练提升个体的同理心。
- ◎ **自我反思**：鼓励个体经常进行自我反思和自我检讨，认识自身问题。
- ◎ **建立健康边界**：学会尊重他人，建立更平等的人际关系。

自恋型人格障碍是一种让人受困的心理状态，它像一面只能映射个体一个面的镜子。社会和自我治疗的努力可以帮助个体找到突破，从单面的镜像跳脱出来，走向一个更全面、更真实的自我，建立更和谐的人际关系。

# 16 情感调节障碍

你有没有遇到过这样一种人：他们对幸福似乎总是抱着一种矛盾的态度，一旦得到了些许幸福，就开始怀疑这份幸福的真实性和持久性，最终甚至亲手将其摧毁。这种人或许永远也无法真正感受到幸福，因为在内心深处，他们始终认为幸福是短暂的、不可靠的。他们就是心理学上所说的情感调节障碍（Borderline Personality Disorder，BPD）患者。

## （一）被误解的内心世界

情感调节障碍，也被称为边缘型人格障碍，是一种严重的情感和行为障碍。个体在人际关系、自我认同和情感管理上存在显著问题，常常导致内心的极度痛苦和社会功能的受损。根据《精神疾病诊断与统计手册》（DSM-5），BPD 的主要特征包括：

◎ **对孤独和被抛弃的极度恐惧**：BPD患者极度害怕被抛弃和孤立，这种恐惧往往导致他们采取极端的措施来避免分离，即便这些措施可能会进一步恶化关系。

◎ **非黑即白的思维方式**：他们倾向于将人和事物分为绝对的好或坏，没有中间地带。这种思维方式使他们难以维持稳定的人际关系，容易在极端的情绪之间波动。

◎ **强烈的掌控欲**：尤其是对亲人和爱人，他们常常表现出控制和占有欲,希望对方能够完全满足他们的需要,否则就会感到极度不安和愤怒。

## 案例

李明是一名在大城市工作的年轻人,外表光鲜亮丽,但内心却充满了困惑和痛苦。他的童年并不幸福,父母常常忙于工作,对他的情感需求不屑一顾。在学校里,李明也经常感到被忽视和排斥,这种长期的情感剥夺使他逐渐形成了情感调节障碍。

成年后,李明在一次偶然中遇到了小红,两人迅速坠入了爱河。小红对李明非常关心,常常陪他渡过难关。然而,随着时间的推移,李明开始怀疑小红的用心,他觉得这一切都是假的,小红迟早会离开他。这种不信任感使他变得越来越烦躁和多疑,他对小红的关爱不断提出疑问,甚至开始挑刺和责备。

小红感到非常困惑和受伤,她不明白自己为什么会被这样对待。李明的极端情绪和行为最终导致了两人的关系破裂。事后,李明深深地感到自责和痛苦,但他却不知道如何改变自己的行为,只能继续在一段又一段的关系中重蹈覆辙。

## （二）情感调节障碍的成因

情感调节障碍的产生往往与早期的依恋关系有关。约翰·鲍尔比（John Bowlby）的依恋理论认为，儿童在与主要照顾者（通常是父母）的互动中形成的情感依附方式会影响其未来的人际关系和情感调节能力。

李明的父母在他童年时期缺乏情感回应，形成了不安全的依恋关系。这导致他在成年后难以建立信任感，对幸福的感知变得极其不稳定。

神经科学研究也揭示了BPD患者大脑结构和功能的异常。例如，BPD患者的前额叶皮层和杏仁核之间的连接较弱，这可能导致了他们情绪调节能力的不足。

## （三）如何帮助情感调节障碍患者

- ◎ **心理治疗**：认知行为疗法（CBT）和辩证行为疗法（DBT）是治疗BPD的有效方法。DBT重点关注情感调节、人际交往技巧和应对压力的策略。
- ◎ **药物治疗**：虽然药物不能根治BPD，但可以在某些情况下帮助缓解患者症状，如情绪波动和冲动行为。
- ◎ **家庭和社会支持**：家人和社会的支持对BPD患者的康复至关重要。理解和支持可以帮助他们建立信任感，减少孤独和被抛弃的恐惧。

情感调节障碍是一种复杂而痛苦的心理障碍，患者内心深处的受伤小孩始终在提醒他们幸福的脆弱。

# 第二章 心理学效应与现象

## 17 巴纳姆效应
——让对方对你上头的"魔法"

你是否曾经在看个人星座运势时觉得每字每句都与自己息息相关？是否在某个地方算命后，惊讶于算命先生如此准确地描述了你？如果你的回答是肯定的，那恭喜你已经体验过心理学中的一个经典现象——巴纳姆效应。

### （一）人人都有的专属"魔法"

心理学家伯特伦·福勒（Bertram Forer）在1948年进行了一次著名的实验，他给学生们发放了一份看似专属的个性分析报告，但实际上每份报告的内容都是一样的（一份模棱两可的描述），例如"你有时候对自己做出的决定感到怀疑"。结果学生们普遍给出了极高的准确度评分，平均评分达到85%。这就是巴纳姆效应的生动演示。这个效应得名于19世纪的博览会经营者巴纳姆（P. T. Barnum），因为他坚信"总有东西适合每一个人"。

### （二）如何操控"魔法"

巴纳姆效应的核心在于，我们倾向于接受模糊、不确定的描述，尤其是当这些描述涉及个人的内在特质时。如果一段信息似乎包含"隐秘的真相"，比如"你是一个渴望被人认同的人"，这往往会让我们不自觉地点头，因为这些模糊不清的特征在某种程度上几乎适用于任何人。我们对这些信息的信任，源于我们的自我认同和情感联结。很多时候，"权威"人士提供的信息，搭配上极具说服力的背景故事，会更令人信服。

### （三）巴纳姆效应的应用与警示

巴纳姆效应被广泛应用于星座运势、算命等领域。然而，这种"魔法"也带来了风险，无论是在商业营销还是社会操控中，它都有可能被不当利用。

你是否曾意识到，这些让你感到愉悦、与自身完美契合的描述，其实极具普遍性，而非专属于你？巴纳姆效应提醒我们在面对自我认知时，应当对模糊的、过于宽泛的描述保持理性。

## 18 玫瑰色回忆效应
——你的记忆是真实的吗

你是否在回想起过去的某个时刻时感觉那一切充满了美好？阳光洒在窗边，你的朋友在笑声中发光，曾经的困境似乎在回忆中显得微不足道。也许你曾觉得，那段记忆像是一幅玫瑰色的画卷，色彩柔和，细节完美。然而，这真的就是当时的情景吗？

心理学家们将这种倾向称为"玫瑰色回忆效应"，也就是我们在回忆过去时，往往会赋予那些回忆比当时实际感受更为积极的情感色彩。究其原因，大脑在储存和回忆信息的过程中，往往会去除掉那些负面的、痛苦的细节，而只保留那些让人感到愉悦的瞬间。结果，当我们回顾过去时，苦涩被淡化，美好被放大，仿佛所有的记忆都蒙上了一层玫瑰色的滤镜。

### （一）玫瑰色滤镜背后的心理机制

这个现象源自我们大脑对记忆信息的处理方式。根据著名的记忆研究学者丹尼尔·夏克特（Daniel Schacter）的观点，记忆并不是一个被动的储存过程，而更像是一个主动的"重构"过程。当我们回忆起某个时刻时，大脑会根据当前的情感状态、价值观和认知模式对记忆进行再加工。

选择性记忆是这一过程的关键部分。大脑倾向于自动过滤掉那些不愉快的体验，这样我们在回忆过去时，往往只会记住积极的情感和愉快的细节。进化心理学家认为，这种倾向可能是为了帮助我们应对未来的挑战。如果总是记住痛苦和挫折，我们可能会变得焦虑、逃避。然而，记住成功和快乐的时刻，则有助于提升我们的自信和幸福感。

## （二）你的记忆是否真实

问题的关键在于，这样的记忆到底有多真实？或许你曾和朋友有过一次愉快的旅行，回忆起来，那简直是你生命中的高光时刻。然而，事实可能并没有你记忆中那么完美。也许那时的你还抱怨过天气炎热，因为交通问题和朋友发生了小争执。只不过这些细节在你大脑的处理下，逐渐被削弱甚至抹去了。

在经典的心理实验中，研究者们发现，当人们回忆某一事件时，他们往往会记住事件的"高峰"和"结束"部分，而忽略其他细节，这就是所谓的峰终定律（Peak-End Rule）。你的大脑可能只保留了那次旅行中最精彩的部分，例如站在山顶俯瞰风景的激动时刻，而那些痛苦的跋涉早已被遗忘，这就是玫瑰色回忆效应在发挥作用。

## （三）是福是祸

玫瑰色回忆效应究竟是福是祸？从某个角度来说，它确实能帮助我们保持心理健康。正因为有了这样的"美化"，我们才不会被过去的伤痛所困扰，反而能够更积极地面对未来。然而，过度的美化可能导致我们对现实产生扭曲认知。比如，当我们不断美化过去的某段感情时，可能会让我们在分手后陷入不必要的痛苦，甚至误以为那段关系比实际上好得多。

## （四）如何对抗玫瑰色回忆效应

当然，玫瑰色回忆效应并不是不可避免的。在心理治疗中，有一种技术叫作"认知重构"，即通过有意识地回忆并审视那些被我们忽略的负面细节，来帮助我们形成更加平衡的记忆。这可以帮助我们避免对过去的过度美化，也可以让我们在面对未来的挑战时，更具备现实的期望。

那么，问题来了：当你再度回忆起一段曾经让你感到愉快的经历时，你会质疑它的真实性吗？也许你可以试着重新审视那些被你忽略的细节，看看你过去的记忆究竟有多少是真实的，又有多少是被玫瑰色滤镜所美化的。

# 19 布里丹毛驴效应
## ——我们为什么会犹豫不决

你有没有遇到过这样的情况：面前有两个看似同样好的选择，你却迟迟无法做出决定？到底选哪一个？你举棋不定，直到时间悄然流逝，你错过了所有机会。这种情境就是"布里丹毛驴效应"的典型例子。

14世纪的法国哲学家让·布里丹（Jean Buridan）提出了一个著名的思想实验。在这个实验中，一头饥饿的毛驴被放置在两堆等量的干草之间。由于两堆干草距离相等，毛驴无法决定该吃哪一堆，最终因犹豫不决而饿死。

虽然这个故事看似荒谬，但它揭示了一个深刻的心理学现象：当我们面对两种看似同等的选择时，往往会陷入难以决策的僵局。这种现象在心理学中被称为"布里丹毛驴效应"。

## （一）为何我们难以做出决定

布里丹毛驴效应背后的心理机制十分复杂，涉及决策瘫痪、选择超负荷以及认知偏差。

首先，决策瘫痪是当我们面对过多选择时产生的无法行动的状态。心理学家巴里·施瓦茨（Barry Schwartz）在其著作《选择的悖论》中提到，过多的选择会导致"选择疲劳"，我们反而不愿意做出任何决定。布里丹毛驴效应可以被看作是这一现象的极端形式。

其次，选择超负荷（Choice Overload）是社会的普遍现象。购物时，当我们面对数十种相似的商品时，往往感到困惑和压力。研究表明，过多的选择不仅让人疲惫，还会降低做出满意决定的概率。这与布里丹毛驴面对等量干草时的困境十分相似：我们被困在多个选择中，失去行动的动力。

最后，认知偏差（Cognitive Bias）也在其中扮演着重要角色。我们在决策时经常陷入"损失厌恶"（Loss Aversion）中，即我们更害怕失去某个选择带来的潜在好处，而不是积极寻求一个更优的选择。因此，我们在两种相似的选择之间犹豫不决，最终陷入困境。

## （二）现实生活中的布里丹毛驴效应

这种现象不仅仅限于哲学家的思想实验，它在我们的日常生活中无处不在。一个人可能因为无法决定跳槽还是留在现有公司而错失了更好的发展机会；情侣因为无法决定结婚还是分手，最终让关系在僵局中破裂。甚至在看似微不足道的选择如晚上吃什么、周末去哪里玩等上，布里丹毛驴效应都可能悄然产生影响。

著名心理学家乔治·艾恩斯利（George Ainslie）提出的"瞬间欲望战胜长期计划"的行为经济学理论也揭示了类似的心理现象。我们常常被短期的困惑阻碍了长期的计划。这些困境让我们深陷犹豫不决的泥沼，错失了行动的时机。

## （三）逃脱选择的陷阱

那么，我们如何从布里丹毛驴效应中解脱出来呢？心理学家阿波洛尼亚·施莱费尔（Apollonia Schleifer）建议，关键在于培养决策的意识觉知。通过训练自己的意识觉知，我们可以更清楚地识别出何时陷入了"选择瘫痪"状态，进而采取主动行动。

此外，心理学家建议可以通过设定明确的优先级来减少选择带来的压力。当我们对某个目标有更清晰的理解时，选择便不再模糊。只要有了明确的优先级，决策的方向就会自然浮现。

另外，限定选择的时间也是一个有效的策略。为自己设定一个明确的决策期限，可以帮助我们避免陷入无限拖延的状态。拖延往往是布里丹毛驴效应的伴随现象，而时间限制则能强制我们做出决定，防止陷入无尽的选择泥潭。

##  伴侣睡眠效应
——跟爱的人在一起睡觉是大补

夜晚,你是否悄然注视过伴侣的睡脸,并在心底生出一种无法言喻的宁静和满足?虽然是两个独立的个体,入梦时却似乎连成一体。这种睡眠状态在心理学中被称为"伴侣睡眠效应"。这种效应不仅仅影响我们的梦境,还深刻地改变了我们的情感和心理。

### (一)伴侣间的神秘连接

我们对于亲密关系的内在需求可以追溯到进化过程中,因为深厚的社会联系对于生存具有重要意义。从进化心理学的角度来看,与伴侣共享睡眠空间可以提供安全感和归属感。这种安全感源于我们内心深处的本能——与值得信赖的人共处即意味着潜在威胁的减少。

对伴侣睡眠效应的研究发现,与伴侣共同入睡的人相较于独自睡眠的人,往往有更好的睡眠质量。这不仅仅因为对方的存在提供了情感上的支持,也因为伴侣的生理节律逐渐同步,彼此调整的过程带来了更深入的休息。

科学研究表明,当伴侣共处一室时,他们的心率、体温甚至

是呼吸节奏都有可能逐渐趋于一致。这些变化被认为是伴侣之间情感连接的生理表现之一。

一项研究发现，长时间共同生活的伴侣，其心率变异性（HRV）也表现出一定的同步化。这意味着他们的心脏在相似的时间加快和减慢。这种同步不仅有助于提升情感联系，还可能对整体健康产生积极影响，因为更高的HRV通常与良好的心血管健康和更低的压力水平有关。

在某些情况下，伴侣睡眠效应甚至成为心理治疗的一部分。例如，患有创伤后应激障碍（PTSD）的个体往往在与伴侣共同入睡时，能够降低噩梦和夜间焦虑的频率。这是因为伴侣的体温、呼吸节奏和轻微的触碰，营造了一种安全氛围，帮助患有创伤后应激障碍的个体放松神经系统。

## （二）是否有代价

然而，并不是所有的伴侣睡眠都是一帆风顺的。有趣的是，尽管共同入睡有诸多潜在的好处，但伴侣也可能因为打鼾、不同的睡眠习惯等问题引发矛盾。30%—40%的伴侣表示，他们的睡眠质量曾受到另一半的负面影响。这时，沟通和妥协变得尤为重要。

## 21 鸡群效应
——你所处的圈子决定你的命运

你是否曾经有过因个性突出或能力卓越而感到被排挤的经历？是否觉得在某个群体中，当你展现出不同于他人的能力或特质时，反而招致了更多非议和敌意？这种现象在心理学上被称为"鸡群效应"，它源自生物学家威廉·默顿·惠勒（William Morton Wheeler）对动物群体行为的研究，后被引申至社会心理学领域，描述群体盲从现象，即一个人的卓越能力在一个缺乏竞争力的群体中，往往会引起群体成员的警惕甚至排斥。

### （一）鹤立鸡群的另一面

"鹤立鸡群"被用来形容在平凡人中脱颖而出的优秀者。然而，心理学研究却揭示了这一现象的另一面。美国心理学家阿贝·西尔伯曼（Abe Silbermann）在其著作《社会心理学》中指出，当个体的能力远远超出群体平均水平时，往往会引发群体成员的嫉妒和敌意，这种心理机制被称为相对剥夺感。相对剥夺感是指个体在与他人比较时，感觉自己在某些方面被不公平地剥夺了资源或机会，从而产生负面情绪。

### 案例

①

李华是一名高中生,从小成绩优异,在各类竞赛中多次获奖。然而,当他进入一所普通中学时,却遭遇了前所未有的挑战。在新班级里,他几乎每次考试都排在前三名,但并没有因此获得同学们的尊敬,反而常常受到冷嘲热讽,甚至有人散播谣言,污蔑他作弊。李华感到非常困惑,他不明白为什么自己的努力和成绩会引来这么多人的敌意。渐渐地,他开始自我怀疑,甚至开始故意做错题降低自己的成绩,以避免引起更多的负面影响。

这个案例看似极端,但在现实生活中并不少见。根据库尔特·勒温(Kurt Lewin)在《群体动力学》中的研究,群体中的个体往往倾向于维持现状,避免自己在群体中的地位受到威胁。当群体中出现一个明显优于他人的个体时,这种平衡就会被打破,从而引发群体成员的负面情绪和行为。

②

张燕在一家小型企业工作,她的工作能力在公司中数一数二。然而,随着时间的推移,她发现自己的努力并没有得到应有的回报,反而经常遭到同事的排挤和管理层的忽视。有一次,她提出了一项创新方案,却在会议上遭到同事的集体嘲讽,最终方案被否决。事后,张燕从一名老同事那里得知，原来她的出色表现让很多人感到不安，担心自己的位置不保。

斯科特·菲茨杰拉德（Francis Scott Key Fitzgerald）在《心理学与职场》中提到，职场中的"鸡群效应"尤为明显。当一名员工的能力远远超出其他同事时，他往往会被视为威胁，而不是资源。这种现象不仅影响了个人的职业发展，还可能导致心理压力甚至抑郁症。

## （二）鸡群效应的心理学解释

埃里森·理查兹（Allison Richards）在《社会心理学原理》中进一步解释了"鸡群效应"的心理机制。她指出，个体在群体中的行为和心理状态受到群体规范和群体动态的强烈影响。当一个人的能力或特质超出群体规范太多时，群体成员会感到一种认知失调，即感到自己的价值观和行为模式受到了挑战。为了减少这种不适感，群体成员往往会采取各种方式来贬低或排斥这个个体，以保持群体的一致性和稳定性。

此外，斯坦利·米尔格拉姆（Stanley Milgram）的著名实验也为我们提供了一个新视角。在实验中，米尔格拉姆发现，当个体在群体中感到被威胁时，往往会通过从众行为来寻求心理支持。这种从众行为不仅会增加个体的归属感，还会增强群体的凝聚力，从而进一步排斥那些"不同"的个体。

## （三）你所处的圈子决定你的命运

"鸡群效应"不仅仅是一个理论概念，它在现实生活中对我们有着深远的影响。罗伯特·西奥迪尼（Robert B. Cialdini）在《影响力：说服心理学》中指出，我们所处的环境和圈子，会深刻地塑造我们的行为和心理状态。一个积极向上的环境，可以激励我们不断进步，而一个消极压抑的环境，则可能让我们变得平庸，甚至退步。

因此，选择一个合适的圈子对于个人的成长至关重要。玛丽·戈尔德在《心理学与个人发展》中建议，我们应该积极寻找那些志同道合、彼此支持的群体，而不应该为了让自己融入而妥协。在一个健康、积极的环境中，即使我们不如他人优秀，也能得到认可和鼓励，从而实现自我提升。

## 22 缄默效应
——不在沉默中爆发，就在沉默中灭亡

你是否曾在某个瞬间感到喉咙哽住，心有不甘，却还是选择了沉默？在权威面前，你是否为了迎合对方而说出连自己都不相信的话？

这并不是偶然的行为，而是人类在社会互动中普遍存在的心理现象——缄默效应。缄默效应又称社会缄默，由德国政治学家伊丽莎白·诺埃尔–诺伊曼（Elisabeth Noelle-Neumann）在1974年提出，是指在某些沟通情境中，个体因为担心对方的权威或受强迫压力，选择保持沉默或说对方喜欢的话，以避免可能的负面评价或降低自身价值。这种现象不仅限制了个体的表达自由，还在深层次上影响了人际关系的质量和决策的正确性。

### （一）缄默的根源

缄默效应的根源在于人类对社交和谐的追求和对负面后果的恐惧。心理学研究表明，人们在与权威人物、上司、长辈或强势的同事互动时，往往会不自觉地调整自己的言行，以求得对方的认可。这种现象在组织心理学中尤为突出。例如，员工在面对上司的不当决策时，即使内心有异议，也往往选择保持沉默，以免被视作不忠诚或不专业的表现。这种沉默不仅让问题得不到及时解决，还可能在组织内部形成一种"假象和谐"，导致更大的问题积累。

## （二）缄默效应的社会影响

缄默效应在个体层面和社会层面都会产生影响。在医疗领域，由于医患之间存在的权威关系，患者可能会选择隐瞒自己的真实感受或病史，以避免医生对自己的负面评价。这种隐瞒可能导致诊断不准确，治疗方案不合适，甚至危及患者的生命安全。在家庭中，孩子在面对家长的某些不当要求时，也可能选择沉默，而不是表达自己的真实想法，这种长期的沉默可能导致孩子出现心理问题。

## （三）根本原因：社会规范与自我保护

心理学家研究发现，缄默效应的根本原因在于社会规范与个体的自我保护机制。在许多文化中，尊重权威、避免冲突被视为重要的社会规范。这些规范在一定程度上维护了社会秩序，但也可能导致个体在面对不合理要求时选择沉默。此外，个体的自我保护机制也在起作用。当人们感到自己的意见可能不被接受，甚至可能受到惩罚时，他们会选择保持沉默，以避免潜在的负面后果。

**案例**

在一家大型公司的年度会议上,高层管理人员齐聚一堂,讨论即将推出的新产品。会议室内座无虚席,气氛紧张而严肃。会议的主持人是公司的CEO,他提出了一个自认为将大获成功的新产品概念。他充满激情地描述了产品的特点和市场潜力,随后询问大家的意见。

然而,会议室里一片沉默。没有人发言,没有人提出异议,甚至没有人点头表示赞同。事实上,许多与会者对这个产品概念持怀疑态度,他们认为产品的设计存在缺陷,市场调研也不够充分。但由于CEO的权威以及此前对异议的严厉打压,没有人愿意冒险表达自己的真实想法。

这种沉默持续了几分钟,直到CEO打破了僵局。他误以为大家都认同他的观点,于是满意地宣布会议结束,并决定立即启动该项目。

结果,由于缺乏真实的反馈和深入讨论,产品上市后遭遇了重大失败,公司损失了数百万美元。如果当初有人敢于打破沉默,提出真实的意见和担忧,这场失败或许可以避免。

## (四)如何克服缄默效应

◎ **建立开放的沟通环境**:在组织和家庭中,建立鼓励表达不同意见的环境,让每个人都知道自己的意见是被尊重的。

- ◎ **增强自信心**：个体需要通过自我提升和心理建设，增强自己的自信心，勇于表达自己的真实想法。
- ◎ **第三方介入**：在一些重要的决策过程中，引入第三方的独立意见，以减少个体因权威压力而选择沉默的可能性。
- ◎ **反思与调整**：个人和组织都应该定期反思自己的沟通方式，及时调整不合理的做法，避免形成"假象和谐"。

## 23 费斯丁格效应

谁能想到，一个早餐洒在衣服上的简单意外，会让人一天的心情跌入谷底？有时候，我们抱怨命运的不公，却不曾意识到，生活中90%的局面，实际上是由我们怎样回应那10%不可控事件所决定的。这便是心理学中著名的费斯丁格效应的核心所在。

### （一）费斯丁格效应的心理学逻辑

费斯丁格效应由美国社会心理学家利昂·费斯丁格（Leon Festinger）提出，他广为人知的认知不协调理论引发了一系列关于人类行为的深入研究。费斯丁格指出，生活事件所产生的影响，很大程度上取决于我们对此类事件的反应方式，而非事件本身。这种对生活掌控力的理解，可以帮助我们更好地管理自己的情绪和行为。

在职场中，经常出现类似的情况：一项突如其来的工作任务是让你焦头烂额、怨声载道，还是激发起你解决问题的斗志，完全取决于你的选择。同理，在人际关系中，偶尔的误解与矛盾，一念之间，可以是友情决裂的劫火，也可以是心灵贴近的契机。

**案例**

一天早上，男人卡斯丁起床洗漱，随手把手表放在了洗手台上。妻子看到后怕被水淋湿，就把手表拿到了餐桌上。儿子吃饭去拿面包时，不小心把手表碰到地上摔碎了。

卡斯丁看着自己心爱的手表被摔坏，怒火中烧，把儿子揍了一顿，还责怪妻子不该把手表放在餐桌上。妻子委屈地辩解说，自己是好意，怕手表被水打湿才放到了餐桌上，卡斯丁却说，手表是防水的……

就这样，夫妻俩大吵了一架，卡斯丁连早餐也没吃就出门了，快到公司时才发现竟忘记了带自己的公文包，于是他立刻掉头回家。

当他赶回家时，妻子上班，儿子上学，家里并没有人，更糟的是他的钥匙还在公文包里。他打不开门，只能给妻子打电话，接到电话的妻子急匆匆地往回赶，在回来的路上，不小心撞翻了水果摊，摊主不让她走，最后赔了一笔钱才得以摆脱。

当卡斯丁拿着公文包冲到公司时，已经迟到了15分钟，他被上司狠狠地骂了一顿，心情坏到了极点，下班时因为一些小事，跟同事又吵了一架。

妻子也因为迟到被扣了全勤奖；儿子当天参加比赛，原本有望获得冠军，却因为挨了打发挥失常，与冠军擦肩而过。

在这个案例中，主人公卡斯丁因为一块手表没能控制住自己的负面情绪，导致了一连串"灾难"事情的发生。

## （二）应用费斯丁格效应来塑造积极的心态

如何有效地运用这种效应来改善我们的生活质量？一项关于情绪调节的研究表明，积极的自我对话、深呼吸和注意力转移等方法，能够有效降低消极反应的频率，有助于缓解负面情绪。

◎ **自我对话**：面对困境时，尝试进行积极的自我对话，将"我无法应对"转化为"我会想办法解决"。

◎ **深呼吸**：简单的深呼吸练习能够帮助我们在碰到突发事件时迅速平复心情。

◎ **注意力转移**：专注于解决方案而非问题本身，将注意力从消极情绪上转移开。

今天，你是否遇到了某些让你心生烦躁的意外？试着从费斯丁格效应的角度重新审视这些经历：是否可以换一种更积极的方式去应对？明天，当意外再次发生时，你会选择用何种态度去面对？

## 24 棘轮效应
—— 房价、教育、股票、消费习惯都跟它有关

你有没有过这样的经历？本来只是随手买了一个盲盒，想要给生活增添一份小惊喜。然而，不知不觉间，你发现自己已经花了大量的时间和金钱搜集那些隐藏款，甚至陷入了对整个系列的执着追求。这种似乎无法满足的欲望，背后有着什么样的心理机制？

## （一）盲盒为什么能一再吸引我们

心理学上有一个术语来描述这种现象——棘轮效应，指的是人们在满足一种欲望或期望后，并不会停止，而是会不断升级。这种现象最早由詹姆斯·杜森贝里（James Duesenberry）在1949年的《收入、储蓄与消费者行为理论》中提出，描述消费习惯的不可逆性，后来逐渐被应用到心理学中。

## （二）棘轮效应的心理机制

◎ **多巴胺分泌**：当我们抽盲盒时，大脑会分泌多巴胺，这种化学物质让我们感到愉悦和满足。可是这种满足感是

短暂的,我们总会追求更多、更高的快感。
- ◎ **习得性增强**:每次成功抽到新的或稀有的盲盒,都会进一步强化我们的行为,就像训练动物通过某种行为获得奖励一样。久而久之,这种行为变得越来越强烈、越来越难以控制。
- ◎ **社会比较**:看到身边的人或网上有人炫耀他们的盲盒收藏,我们的心理也会产生一定的落差,激发出自己也想炫耀的欲望。我们不想被落下,甚至想要超越他人。
- ◎ **内在动机与外在动机结合**:我们的欲望不仅仅来源于对多巴胺的追求,还受到周围环境和外在奖励的推动。我们会因为"拥有"这个身份标签而感到更多的满足和自豪。

## (三)棘轮效应的现实困境

- ◎ **心理健康问题**:持续的欲望得不到满足,会让我们产生焦虑和沮丧的情绪,甚至诱发严重的心理健康问题。
- ◎ **经济压力**:为了满足自己的欲望,我们可能会不计成本地投入,这会造成经济上的巨大压力,长期下来,可能导致债务危机。
- ◎ **社会关系**:一些人甚至会因为这种欲望而疏远了身边的朋友和家人,最终损害了自己的人际关系。

## （四）如何应对棘轮效应

了解了棘轮效应的机制和负面影响后，我们应该学会与之共处，以追求心理上的平衡和健康。

- ◎ **设立明确的目标和界限**：明确自己在某一方面的追求目标，并对这个目标设立严格的界限，可以帮助我们控制欲望的膨胀。
- ◎ **培养内在满足感**：学会通过内在的满足感而不是外在的物质奖励来获得愉悦，比如通过阅读、运动等方式提升自己的心理健康。
- ◎ **建立支持系统**：与家人朋友保持良好沟通，建立一个相互支持的社交网络，也可以帮助我们控制欲望，找到内在的平衡。

## 25 达克效应
——为什么越无知的人越自信

你是否遇到过这样的人,他们似乎总是自信满满,但你一看就知道,他们的能力实在有限。这种现象让你感到疑惑:为什么一些能力欠缺的人,反而会如此自信甚至不可一世?这种现象实际上有一种心理学效应,叫作"达克效应"。

## (一)什么是达克效应

"达克效应"由心理学家大卫·达宁(David Dunning)和贾斯汀·克鲁格(Justin Kruger)于1999年提出。他们通过几轮实验发现,那些能力欠缺的人往往无法正确评估自己的能力水平,这不仅扭曲了他们对自己的认知,也妨碍了他们看到自己的局限性和错误。因此,这些人往往会自信满满,甚至在面对失败的时候,也会认为是外部环境不利或者是他人的问题。

更有趣的是,达宁和克鲁格还发现,能力越低,错估自己能力的可能性和程度就越高。这似乎在说明,智慧和自知之明之间有着某种奇妙的联系。那些真正有才华和能力的人,反而会因为对自己了解甚深而觉得自己还有许多不足之处。

他们发表的研究论文荣获了诺贝尔奖,文中指出了以下四个重要观察：

①能力较弱的人往往会高估自己的技能水平。

②能力较弱的人难以识别"真正具备该技能的人"的水平。

③能力较弱的人很难认识并正视自身的不足，甚至不知道这些不足有多严重。

④如果给能力较弱的人提供训练，让他们能力大幅提升后，他们就能意识到自己之前的无能。

根据"达克效应"我们可以得知，如果你看到一个自信满满的人，这可能意味着两种情况：一种是他确实是专家，另一种则是他尚未意识到自己有多么无知。

## （二）实验和数据的支持

为了验证这一观点，达宁和克鲁格进行了多个实验。例如，他们让一群人完成一些测试，涉及逻辑推理、语法和幽默感等方面。在完成测试之后，要求参与者自我评价他们的表现。结果表明，表现最差的参与者高估了自己的能力，而那些表现优异的人则低估了自己。这个现象不仅仅在一个领域出现，在其他领域如驾驶技能、IQ测试等，都能观测到相似的结果。

此外，印度的一项涉及3000余名高等教育学生的研究也表明，约有45%的学生高估了自己的学术表现，而其中大部分属于低能力组别。

## （三）为什么达克效应如此普遍

达克效应的背后，是我们在认知过程中的一种基本缺陷。每个人都有盲区，当我们能力有限时，我们甚至无法识别这些盲区，因此自信心往往成为一种自我保护机制。此外，社会文化也可能助长这种现象。现代社会往往推崇自信和表现自己，误导我们认为自信即成功。

## （四）反思与改进

了解达克效应后，我们该如何摆脱这个陷阱呢？首先，我们需要保持谦虚的态度，积极寻求反馈和建议，以便不断修正自己对自我能力的认知。其次，学习和实践是提高自我认知的重要途径。只有通过不断的学习和反思，我们才能逐步识别并修正自己的盲区。

我们对自我认知的能力是有局限的。要成为真正有能力和智慧的人，我们不仅需要知识和技能，更需要自知之明和反思的勇气。

## 26 飞轮效应
### ——成功的秘密武器

当我们面对一个崭新的挑战时，往往感到不知所措和无从下手。无论是健身、学习新技能，还是尝试改变一个长期以来的习惯，开头似乎总是最艰难的一步。难道我们注定要在这些困难中一再挣扎？但也有另一种体验，那就是一旦我们坚持不懈，事情似乎突然变得容易了许多——我们付出的努力越来越少，但结果却逐渐变得显著。其中有一个心理学原理叫飞轮效应。

### （一）为什么我们总在起点卡壳

很多人曾有过这样的经历：新年的健身计划雄心勃勃，但不到三周就不了了之；决定每天学习1个小时新语言，但几天后动力全无。到底是什么在阻碍我们迈出第一步？研究表明，"启动成本"是心理学中一个关键的概念。心理学家丹尼尔·卡尼曼（Daniel Kahneman）指出，人类的大脑更倾向于保持现状，避免任何带来不适的变化。这意味着，当我们准备开始做一些新的、未知的事情时，大脑会发出"警报"，提示我们这一过程将是困难且不确定的。于是，很多人选择放弃，甚至还未尝试。然而，这个困境真的无解吗？

## （二）一切开始变得简单

飞轮效应，最早由商业战略大师吉姆·柯林斯（Jim Collins）在其著作《从优秀到卓越》中提出。他将企业的发展比作推动一个沉重的飞轮——刚开始需要耗费巨大的努力，然而当它达到一定速度后，只需要少量的推力，飞轮便会保持快速旋转。实际上，飞轮效应不仅仅适用于企业，在个人心理成长中也扮演着至关重要的角色。

飞轮效应背后的心理学机制可以用行为经济学中的"累积效应"来解释。当我们持续进行某项活动时，大脑中的神经通路会逐渐加强，形成习惯性行为。这意味着，一旦我们克服了最初的"启动成本"，并投入新的活动中，随着时间的推移，这一活动会逐渐变得自动化，所需的心理能量越来越少。

举个例子，当你开始健身时，最初几天可能充满了抗拒和不适感，但一旦坚持几周，你会发现每次去健身房的过程变得越来越自然，甚至变成了一种习惯。这个过程正是飞轮效应的生动体现。

## （三）如何维持飞轮的持续转动

◎ **小目标，大成就**：根据心理学家阿尔伯特·班杜拉（Albert Bandura）的"自我效能感"理论，设定可实现的小目标会增强我们的自信心，激励我们继续前行。当我们设立了一个较小的、可实现的目标并达成时，我们的大脑会释放多巴胺，给予我们"成功的快感"，推动我们去挑战更大的目标。

◎ **习惯养成**：在查尔斯·都希格（Charles Duhigg）的著作《习惯的力量》中，他提出了"习惯回路"这一概念，即习惯的形成基于提示、行为和奖励三要素的循环。为了推动飞轮效应，我们可以通过设置触发点（例如每天固定的时间段）和奖励机制（完成后的小小奖励），逐渐将新的行为转化为习惯。

◎ **意志力的训练**：罗伊·鲍迈斯特（Roy Baumeister）的研究表明，意志力如同肌肉，越锻炼越强大。虽然最初推动飞轮需要较大的意志力，但随着飞轮效应的出现，持续的努力会逐渐减少对意志力的需求。因此，初期的坚韧至关重要，它为后续飞轮的高速运转打下了基础。

## （四）飞轮效应的实际应用

飞轮效应不仅适用于个人成长，还可以在团队合作、企业管理等多个领域发挥作用。比如，在团队中，最初的合作可能充满摩擦，需要磨合，但随着团队成员逐渐建立默契，彼此间的协作会越来越顺畅，最终达到高效的工作模式。

在个人生活中，飞轮效应可以帮助我们建立正向的行为模式。例如，学习一种新的语言，养成早起的习惯，坚持每日冥想等。刚开始可能充满阻力，但一旦坚持下来，你会发现自己已经不再需要外部的推动力，这一行为已经变得自然而然。

在未来的某一天，当你面对新的挑战时，不妨记住：一切的开端或许艰难，但只要坚持不懈地推转飞轮，成就终会在不经意间到来。

## 27 杯子效应
——利用杯子效应快速测试异性是不是喜欢你

很多时候我们会通过身体动作和行为表达内心的情感，无论有意还是无意。在约会或社交场合中，自己的杯子如何摆放真的无关紧要吗？心理学研究表明，杯子的距离、位置甚至你是否主动拿起它，都可能透露出我们对对方的真实感受。这种现象被称为"杯子效应"。

假设你正在一所温馨的咖啡馆里，坐在一个你心仪已久的人对面。桌上摆着两杯温热的饮品，谈话也逐渐深入。你注意到对方轻轻地将杯子向你这边挪了挪。根据"杯子效应"的理论，这一小小的动作可能是对你产生好感的信号。你会怎么做？是否会顺势而为，进一步拉近距离，还是将杯子下意识地推开，以表明你尚未准备好进一步发展关系？

在心理学上，杯子作为物理屏障，往往成为一个无声的沟通工具。很多人在紧张或面对不熟悉的环境时，会在自己和他人之间放置物体，比如手袋、手机或者餐具。而杯子效应，正是这种行为的缩影。心理学家发现，人在谈话时如果下意识地将杯子移向对方，表示他们对谈话和对方感到放松与亲近；相反，若杯子被移开，或者被当作"屏障"放在两人之间，则意味着人们心存戒备或希望保持一定的距离。

## （一）杯子效应背后的心理机制

杯子效应背后究竟隐藏着什么心理机制？首先，这是人类潜意识中表达情感和态度的方式之一。心理学家阿尔伯特·梅拉宾（Albert Mehrabian）曾提出著名的"7%-38%-55%沟通法则"：只有7%的沟通是通过语言实现的，38%来自语调，而55%则来自非语言的肢体语言。杯子效应正属于这55%中的一种。

当我们喜欢一个人，渴望与其建立更亲密的联系时，肢体语言会不自觉地表达出来。缩短物理距离，比如将杯子向对方靠近，实际上是在试探对方是否愿意接受这份亲近感。相反，如果一个人对关系感到不安或不确定，他们往往会通过增加距离或创造屏障（比如挪开杯子）来保护自己。

## （二）心理学实验支持

研究表明，杯子效应并不只是偶然的猜测。在一项社会心理学实验中，研究人员安排了多个假设场景，让参与者与陌生人一起用餐。在过程中，他们暗中观察参与者如何处理桌上的物体，包括饮品杯、餐具等。结果显示，那些对陌生人表示友好并愿意进一步发展关系的参与者，往往会将物体放在双方之间的"公共区域"中间，甚至主动将杯子靠向对方。而那些不想过多接触或感到紧张的人，则会有意识地将杯子或餐具移向自己一侧，甚至故意在自己和对方之间创造屏障。

## （三）你能识别出这些微妙的信号吗

或许你正在回想某次约会，是否有类似的情境？是否曾注意到对方如何处理他的杯子？在你与他人的交谈中，自己是否下意识地做出了类似的举动？

心理学中，微小的行为通常能反映出深层次的情感。懂得这些小细节，或许能帮助你更好地理解自己和他人，也能在社交场合中更加自信和从容。然而，杯子效应并非绝对的定律，它还需要结合其他肢体语言和语境来进行综合判断。

当你下次与人见面时，不妨多留意他们如何处理桌上的杯子，这也许会为你揭示他们内心的秘密。

## 28 深夜效应
——你夜晚的冲动，真的无法避免吗

深夜，你不自觉地打开了前任的社交媒体页面，往日的回忆犹如潮水般涌来。或许你会突然决定发一条短信或是直接打个电话。又或者，你会在某个社交平台上匆匆结束一段关系或反复斟酌下一个决定，清晨醒来时却对自己的冲动感到深深的后悔。这种现象，并非个例，而是我们生活中常见的"深夜效应"。深夜效应在丹尼尔·卡尼曼的《思考，快与慢》中引用。

### （一）深夜的情感

深夜是一个神奇的时段。白天的喧嚣逐渐远去，我们从各种社会角色中抽离出来，暂时不再是那个职场中的拼命三郎或是家中的顶梁柱。我们回到了个体的状态，开始面对真正的自我和内心深处的情感。

在这种时刻，人的情绪极易波动。研究表明，夜晚时人的情绪调节能力会下降，自控力削弱，情感冲动的发生率也大大增加。正如心理学家罗伊·鲍迈斯特的"自我损耗理论"所指出的那样，人在长时间的情感压抑和压力下，自控力会逐渐耗尽，夜晚是自控力最低的时刻。

这解释了为什么深夜我们会做出许多白天看似不合理的决定。这种情绪波动下的行为，如半夜给前任打电话，冲动地结束一段关系，甚至做出重大的人生决定，往往让人醒来后感到后悔。

## （二）情感反刍

为何人的情绪波动在深夜更为剧烈？心理学中有一个概念叫作反刍，指的是反复思考、重温过去的经历或情感。当白天的忙碌褪去，情感反刍的频率会显著增加。夜晚的宁静放大了我们对往日情感的关注，也让那些隐藏在潜意识深处的心事浮现出来。

比如，白天忙碌的你可能不会想起那个已经分手的恋人，但当夜深人静时，你开始翻阅对方的社交媒体，甚至开始质疑当时分手的正确性。这并不是你突然对对方的情感爆发，而是因为你的大脑开始对过去的情感经历进行反刍。

## （三）社会角色的转变

白天，我们被各种社会角色束缚，遵循着外界的规则与期待。但夜晚来临，所有角色褪去，我们得以面对一个最真实、最赤裸的自我。

这种角色的转变，使得深夜成为自我审视的最佳时刻。然而，当审视过于强烈或带着情感色彩时，它也可能将我们推向情绪失控的边缘。我们在白天理智做出的决定，可能会在夜晚被情绪推翻。这就是为什么深夜时人们常常会采取一些看似不理智的行动，如重新联系前任，突然结束一段关系或陷入长久的自我怀疑与困惑中。

## （四）生理节律与心理影响

除了心理层面的原因，生理学也为"深夜效应"提供了另一层解释。人类的昼夜节律决定了我们在夜晚的身体和心理状态。随着夜晚的来临，我们的大脑逐渐进入休息模式，皮质醇水平下降，情绪调节能力减弱。此时，负面情绪更容易被放大，导致我们做出过激的情感决策。

## （五）如何应对深夜效应

- ◎ **推迟决策**：如果你意识到自己在夜晚情绪波动较大，那么应该避免在深夜做出重大决定，告诉自己："我明天再做决定。"白天，情绪较为稳定时，决策往往会更理智。
- ◎ **减少情感反刍**：尽量不要在夜晚重温过往的情感经历，尤其是在情绪波动时。可以通过冥想、阅读或听音乐来转移注意力，避免陷入反刍的陷阱。
- ◎ **制定情感清单**：将那些让你感到困扰的问题在白天有条理地列出来，逐一思考解决办法，避免在夜晚时被突如其来的情绪打乱思绪。

我们需要警惕情绪的支配，学会掌控自己的思维与行为。而这种能力的锻炼，不仅有助于改善我们的情感生活，也会让我们的人生决策更加明智。

## 29 门口效应

你是否有过这样的经历：从一个房间走到另一个房间，刚刚踏过门槛，却忽然忘记了自己来此的目的？这种让人哭笑不得的经历，不止一次让我们质疑自己的记忆能力。然而，这并不是你的记忆在"偷懒"，而是心理学中一个有趣的现象——门口效应。

### （一）"门槛"背后的心理陷阱

门口效应是由心理学家加百列·雷万斯基（Gabriel Radvansky）及其团队在2011年的实验中首次详细阐述的。这种现象指出，当我们穿过门口时，大脑会将之前的信息"归档"，进入一种新的"认知情境"。换句话说，门槛不仅是物理空间的界限，也象征着心理上的情境转换。在新的情境中，大脑优先处理当前的环境和任务，而刚刚离开的房间中的那些任务或想法，可能瞬间被放置在"后备箱"里，导致我们一时记不起为何走进这个房间。

这一现象之所以令人深感困惑，是因为它反映了大脑处理信息的效率与局限性。门口效应的本质在于我们对环境的高度依赖，以及大脑如何在情境转换中管理短期记忆的优先级。

## （二）记忆的边界

大脑并非一部无休止的录像机，而更像是一个繁忙的管理者，时刻在处理、筛选和整合海量信息。心理学家认为，我们的记忆系统依赖于情境线索来组织和检索信息。每当我们从一个房间走到另一个房间时，环境的变化会触发情境转换，大脑将旧情境中的信息"封存"，以腾出空间处理新的情境。

门口效应背后隐藏的更深层机制与认知负荷密切相关。每一个新的环境都会增加大脑的认知负担，尤其是在需要处理复杂任务或进行多任务操作时，这种负荷感尤为明显。例如，当我们从厨房走到客厅，心中还想着要从冰箱里拿牛奶的任务时，客厅的环境变化可能会让大脑误认为当前情境中不再需要处理"牛奶"的任务，从而导致短期记忆的"丢失"。

## （三）如何摆脱门口效应的困扰

尽管门口效应是大脑自动化处理信息的结果，但一些策略可以帮助减轻它对我们的影响。

首先，强化记忆的线索是关键。当你从一个房间走向另一个房间时，可以重复一遍自己的任务，例如"我要去拿牛奶"。这种自我提示可以强化大脑中的记忆线索，即使情境转换时，大脑依旧可以从强化的线索中快速检索出目标任务。

此外，将任务与视觉线索或身体动作联系起来也有助于减少门口效应的发生。例如，当你想着去拿牛奶时，可以在离开厨房前下意识地看向冰箱或者做出模仿拿牛奶的动作。通过这种多感官的记忆增强方式，情境变化带来的认知断裂会被自然"平滑"过去。

## （四）门口效应的广泛意义

虽然门口效应只是一种短暂的日常现象，但它的理论意义却远超于此。这种现象不仅反映了我们对环境线索的依赖，也揭示了大脑如何在面对复杂环境时有效管理认知资源。随着技术进步与信息爆炸时代的来临，理解大脑的这种工作机制对于我们应对多任务处理、提高工作效率甚至预防认知衰退都有重要的启示。

有趣的是，门口效应也为我们理解其他类型的情境转换提供了新的视角。例如，在心理治疗中，个体常常需要在不同情境中转换角色，如何在治疗室内外保持一致的情感状态，可能与这种情境转换的认知原理密切相关。

门口效应是记忆与环境、情境之间的微妙关系。它不仅是一种简单的遗忘机制，更是大脑在面对复杂信息时进行有效分配资源的体现。

下一次，当你跨过门槛，忽然忘记自己来此为何时，或许可以微笑着回想起：这并不是你的记忆衰退，而是大脑在为你"优化"资源。

#  暴露缺点效应

你遇到过这样的人吗？他们才华横溢，外表光鲜，几乎完美无瑕。然而，某一刻，当你发现他们也有一些小缺点时，反而感到他们更真实、更亲切，甚至更迷人了。这背后，隐藏着心理学上一个有趣的现象——暴露缺点效应。

## （一）谁能不爱一个"完美"但真实的人

20世纪60年代，美国心理学家埃利奥特·阿伦森（Elliot Aronson）通过一系列实验，揭示了一个令人惊讶的现象：当一个被视为"完美"的人展示出小小的缺点时，人们对他的好感反而会上升。这一现象被称为"暴露缺点效应"。你在面对一位德才兼备的同事、领导或者你崇拜的公众人物时，如果他们不小心打翻了咖啡或者忘记了某个小细节，反而会让你觉得他们更有人情味，更接地气。

## （二）为何小缺点缺拉近了彼此的距离

阿伦森设计了一个巧妙的实验。他让一群大学生听两个假设人物的录音，这两个人分别代表了"高能力者"和"普通能力者"。前者才智超群，表现出色，后者则平平无奇。在一部分

录音中，这两个人偶尔会犯下一些小错误，比如打翻咖啡或说错话，而在另一部分录音中，他们毫无失误。结果显示，对于高能力者，当他们偶尔犯错时，听众的好感度反而上升了。然而，对于普通能力者，犯错反而使其形象进一步下降。

这种反差揭示了"暴露缺点效应"的本质：当一个本身已经拥有优秀能力或特质的人展示出瑕疵时，他们会显得更为人性化和亲切。相反，普通能力者犯错则会强化别人对他们"不足"的印象。因此，"完美"在这里反而成了一种负担，而适度的缺陷成了与人建立情感联系的桥梁。

## （三）为什么暴露缺点会让人更可爱

从心理学的角度看，这种现象有其深层次的原因。首先，人类天生对完美抱有戒备。完美意味着距离感，人们往往对那些看似无懈可击的人感到敬畏，但也因此难以亲近。缺点则消除了这种距离感，打破了人们心中"高高在上"的形象。阿伦森指出，暴露小缺点可以"解除完美的威胁"，使得那些原本遥不可及的人变得更加真实。

其次，暴露缺点可以唤起人们的共鸣。每个人都会犯错，因此当看到那些我们敬仰或崇拜的人也会有类似的经历时，容易产生情感上的认同。正如社会心理学家戴尔·卡耐基（Dale Carnegie）在其经典著作《如何赢得朋友与影响他人》中提到的，坦诚面对自己的不足、展示真实的一面，是赢得他人好感和信任的关键策略之一。

最后，适度的自嘲和暴露缺点能够提升自信的感知。当一个德才兼备的人敢于展示自己的小缺点时,这常常被视为是自信的表现。与那些不断掩饰自己弱点、试图保持完美的人相比,适度的自我暴露反而展示出他们不畏惧外界的评价,心态更为开放、自然。这种自信赢得了更多的好感和认同。

## (四)暴露缺点的艺术与分寸

尽管暴露缺点效应具有很大的吸引力,但它并不是一种可以随意运用的技巧,关键在于"适度"二字。暴露过多的缺点,尤其是影响到核心能力的缺点,可能会适得其反。心理学家彼得·高利文(Peter Gollwitzer)在其研究中提出,人们往往对那些暴露"战略性缺点"的人产生更多好感,但如果这些缺点过于频繁或严重,人们对该人的信任和好感则会急剧下降。

例如,如果一名优秀的演讲者在台上自嘲偶尔忘词,观众可能会觉得他很幽默并拉近与他的距离;然而,如果他多次忘词且难以继续演讲,观众则会质疑他的专业能力。因此,暴露缺点的艺术在于"巧妙且有限"。

有时,我们不必一味追求无懈可击的形象,而可以通过适度展示自己的脆弱、缺点赢得更多的理解和喜爱。正如法国哲学家米歇尔·德·蒙田(Michel de Montaigne)所说:"我们应当学会接纳自己的不完美,因为这正是人性最真实的部分。"

# 31 冰激凌效应

是否有人思考过,当我们决定走进冰激凌店,或者在超市的冷冻柜前驻足时,是什么驱动了我们的选择?这个看似简单的行为背后,是否隐藏着某种深层次的心理机制?让我们从心理学的角度揭开"冰激凌效应"的奥秘。

## (一)冰激凌效应的定义与初体验

"冰激凌效应"原是经济学术语,源自混沌理论中的"蝴蝶效应",由爱德华·洛伦兹(Edward Lorenz)在1963年提出,后被引申至其他领域。"冰激凌效应"这个概念并不单单指人们吃冰激凌的行为,而是一种广义的心理现象,它主要描述了人们在面对诱惑时的心理反应及其背后的驱动因素。冰激凌作为一种甜美、凉爽且充满诱惑力的食物,能够勾起人们强烈的欲望。然而,是否购买和食用它往往不仅仅是因为生理上的需求,更深层的原因可能与情感、压力管理、习惯等心理因素密切相关。

## (二)生理和心理的双重诱惑

首先,我们从神经生理学的角度出发,冰激凌的甜味和高脂肪含量会迅速刺激大脑的奖赏系统,触发多巴胺的释放。这种

"快乐激素"让我们在食用冰激凌的瞬间感受到愉悦和满足,从而形成一种正向反馈回路。这种效应被称为"即时满足",是我们在短时间内获得愉悦感的强烈驱动力。

然而,冰激凌的诱惑不仅仅来自身体对糖分和脂肪的渴望。心理学研究发现,当个体处于压力、焦虑或情感波动时,往往会倾向于选择高热量、高糖的食物,冰激凌正好符合这一点,这被称为"情绪化进食"现象。通过吃冰激凌,个体试图在短时间内缓解负面情绪,寻找心理上的安慰。

## (三)诱惑与自控力的较量

然而,冰激凌效应不仅仅是甜味和大脑奖赏系统之间的简单反应。实际上,在我们走向冰激凌的那一刻,大脑中还上演了一场关于"诱惑与自控力"的博弈。

冰激凌的诱惑唤起了我们即时满足的需求,但与此同时,自控力也在发挥作用,提醒我们冰激凌可能带来的长远负面影响,如健康风险或体重增加,这个过程被称为"延迟满足"。心理学家沃尔特·米歇尔(Walter Mischel)的著名棉花糖实验揭示了这一机制——那些能够延迟满足的人通常具有更强的自控力,并在长远的生活中取得更大成功。

从这个角度看,冰激凌效应不仅仅是即时满足的象征,它更是自控力与诱惑之间的较量。这种困境常常让人们陷入纠结:明知道冰激凌不利于健康,却无法抵挡它的诱惑。这种心理冲突被称为"认知失调",它描述了人们在行为与信念不一致时所感受到的内心不适感。

## （四）诱惑背后的外部力量

除了个体心理机制，冰激凌效应还受到外部环境和社会因素的影响。心理学研究表明，购物环境中的光线、音乐甚至空气、温度都可能影响我们的购买决策。例如，冰激凌店通常会通过色彩鲜艳的广告、舒缓的背景音乐等方式，增强我们购买冰激凌的欲望。而在夏天炎热的环境下，我们更容易在短时间内产生"冲动购买"的行为。

此外，群体影响也是冰激凌效应的重要组成部分。当我们看到他人享受冰激凌时，往往也会受到"社会认同"的影响，增加购买的可能性。正如心理学家所指出的，人类天生有从众的倾向，我们在无意识中更愿意效仿群体的行为，以寻求归属感和社会认同。

## （五）如何打破冰激凌效应的束缚

既然冰激凌效应有如此强大的吸引力，是否意味着我们无法逃脱它的掌控？答案是否定的。通过心理学的自我调节策略，我们完全可以打破这种效应的束缚。

一种有效的方法是认知重构，即重新审视我们的欲望和行为，将冰激凌从"即时满足"的象征转变为"长期危害"的象征。研究表明，当个体能够将短期的愉悦与长期的代价进行对比时，往往更容易做出对健康有益的决策。

此外，习惯养成也是应对冰激凌效应的有效方式。通过逐渐减少对高糖、高脂食物的依赖，并培养健康的生活方式，个体可以增强自控力,避免情绪化进食的发生。

  冰激凌效应远远超出了食物选择的范畴。它揭示了人类欲望与自控力的博弈,表现了即时满足与延迟满足的冲突。这种效应不仅仅与冰激凌有关,它也反映了我们生活中许多类似的困境——我们如何在短暂的诱惑面前做出对自己长期有益的选择。了解这一心理机制,可以帮助我们更好地理解自己的行为,进而做出更加理智的决策。

## 32　12秒效应
——很多人会被12秒控制，做出后悔的事

当你和伴侣陷入一场激烈的争执时，愤怒的情绪如同洪水般倾泻而出。也许是某句话不合时宜，也许是生活中的琐事引发了长期压抑的不满。你想要辩解，想要反击，想要发泄所有的委屈与愤怒。但就在那个瞬间，如果你能忍住冲动，坚持12秒，你会发现，情感的风暴或许就此停息，争执的局面可能完全不同。

这个情感转折点，被称为"12秒效应"，它是心理学中"首因效应"的延伸，所罗门·阿希（Solomon Asch）在1946年关于印象形成的实验中观察到类似现象，是男女关系中常见的隐秘力量。在男女情感互动中，情绪往往在瞬间达到顶点，而在这关键的12秒内，我们的言行决定了感情的走向，是伤害还是修复？这段时间，成为决定一段关系命运的"黄金时刻"。

男女之间的情感互动极为复杂，充满了爱与冲突的微妙平衡。无论是情侣还是夫妻，在长期相处中，总会有情感积压的时刻，轻微的误解、生活琐事或沟通不畅都可能成为冲突的导火索。

但问题在于，大多数情感上产生伤害的行为并非因实际问题本身，而是情绪爆发的瞬间反应。情感心理学研究表明，当一方感到被冒犯、忽视或不被理解时，情绪反应往往非常强烈。这个时候，大脑中的情绪中心——杏仁核，会瞬间点燃愤怒或防御机制，导致我们以最直接、最伤人的方式表达情感。

正是在这种情绪的激流中，男女之间的争吵常常一发不可收拾。一句愤怒的话可能成为两人之间难以逾越的鸿沟，无论之后如何解释、道歉，情感上的裂痕已经形成。

然而，如果我们能够意识到情感的爆发其实只有短短的12秒，或许可以避免很多不必要的伤害。心理学家指出，当愤怒、失望等负面情绪袭来时，我们的大脑会立即进入应激状态，但这种状态不会持续太久。如果我们能在情感的最高峰保持理智，坚持12秒不做冲动反应，情绪就会自然缓解，理智将重新占据上风。

在男女关系中，这12秒尤为关键。它不仅给情感一个喘息的机会，也给彼此一段缓和的时间。当一方情绪激动时，若另一方能保持冷静、暂时不反击，甚至用柔和的方式回应，往往能够将争执化解于无形。

## （一）为什么12秒效应如此重要

从生理层面看，当我们情绪激动时，身体的反应是快速而剧烈的。心跳加速、呼吸急促，体内的肾上腺素大量分泌，这一系列生理变化会让我们更难保持冷静和理性。而在大脑中，杏仁核的过度活跃则抑制了理智前额皮质的功能，导致我们更容易做出冲动的决定。

但前额皮质的恢复时间通常只需要12秒左右。这意味着，只要我们能够在情感的激流中坚持12秒，我们的理性部分就有机会重新掌控局面。这12秒，成了男女关系中的情感"刹车"，帮助我们避免在冲动时说出后悔的话或做出后悔的事情。

## （二）12秒智慧

情感的爆发是短暂的，但情感的修复却需要时间与智慧。在亲密关系中，学会控制情绪，尤其是在12秒的关键时刻掌控自己，能够极大地改善双方的沟通质量和情感深度。

◎ **暂停反应**：感到愤怒或伤心时，不妨先暂停回应，给自己12秒的时间思考。这段时间虽然短暂，但足以让情绪有所缓和，并且避免双方情绪升级。

◎ **共情与理解**：在12秒的冷静时间里，尝试站在对方的角度思考问题。也许对方的行为让你感到受伤，但若能理解对方背后的情感需求或压力，情绪往往会有所缓解。

◎ **情感表达的技巧**：学会用非攻击性的方式表达情绪，可以有效避免情感冲突的升级。比如，使用"我感觉……"的句式，而非指责对方的"你总是……"或"你从不……"。

◎ **退一步的智慧**：有时，短暂的情感撤退是一种智慧。12秒内，若感到情绪无法控制，不妨选择暂时走开，给双方一个冷静的空间。冷静过后，再重新讨论问题，往往会得到更好的解决方案。

## （三）12秒的关系重生

当我们意识到情感爆发往往只在瞬间，而修复一段关系却需要长期的投入与耐心时，12秒效应给了我们一把掌控情感的钥匙。当情感风暴来袭时,请记住,只需12秒,你就可以改变整段关系的走向。在情感的瞬间爆发与理智的平静中,12秒不仅是一个等待的过程,更是情感重生的机会。

## 33 酒与污水效应

你是否有过这样的经历：你辛苦准备了一整天的工作，眼看一切进展顺利，却因某个小失误被上司批评，甚至整个项目都被贴上了失败的标签？为什么我们常常会因为一件微小的负面事件而否定他人的整段努力？这背后，隐藏着心理学上一个耐人寻味的效应——酒与污水效应。

### （一）酒与污水效应是什么

酒与污水效应出自美国管理学家劳伦斯·彼得（Laurence Peter）的《彼得原理》（1969），其名字本身就带有形象的比喻，比喻组织中的负面成员影响。设想你有一杯清醇的美酒，但如果有人往里滴入一滴污水，你会怎么做？大多数人可能会毫不犹豫地将整杯美酒倒掉。尽管这杯酒中的污水含量微乎其微，几乎可以忽略不计，但它的存在却足以使人望而却步。这一效应说明了人们对负面因素的极端敏感性。

无论是人际关系、工作表现还是日常决策，人们总是倾向于让一个负面因素或错误覆盖所有的正面成果。心理学家称这种现象为"消极偏差"，即人类更容易记住、放大负面的信息，而忽略正面的信息。

## （二）为什么负面信息比正面信息更"有力"

根据心理学研究，人类大脑对负面信息的反应比对正面信息的反应更为强烈。诺贝尔经济学奖得主丹尼尔·卡尼曼在其著作《思考，快与慢》中提出，人类大脑的进化使我们更偏向于迅速感知并反应潜在的危险。这种倾向帮助我们的祖先避免了致命的威胁，比如捕食者或自然灾害。然而，在现代社会，这种偏差却导致我们对负面事件做出过度反应。

一种被称为"损失厌恶"的心理现象，也为解释这一效应提供了证据。简单来说，人们通常认为损失带来的痛苦比带来的快乐要强烈得多。即使在面对等量的收益和损失时，损失对个体的影响也更深远。

## （三）研究支持

心理学家约翰·戈特曼（John Gottman）曾研究过婚姻关系中的互动模式。他发现，婚姻稳定的夫妻之间，正面互动与负面互动的比例应为5:1。也就是说，夫妻间需要至少5次正面的互动，才能抵消一次负面的影响。这一比例背后的逻辑与"酒与污水效应"相同——一次消极的事件所产生的冲击，远远大于正面事件的积累。

## （四）酒与污水效应在生活中的表现

这种效应不仅体现在个体心理上，更广泛地影响了我们的社会生活。

- ◎ **社交网络上的评论**：你发布了一篇文章，收到了大量的赞扬和鼓励，但如果其中有一条批评性评论，它往往会让你难以释怀，甚至让你怀疑自己发布的内容是否真的那么糟糕。
- ◎ **职业发展**：一名员工在工作中表现卓越，完成了无数个项目，但一次小的失误可能会导致其在老板心目中的形象大打折扣，甚至影响其升职加薪。
- ◎ **人际关系**：在一段友谊中，长久的亲密与默契可能因为一次误会或争吵而受到严重损害，尽管之前有无数的美好回忆作为基础。

## （五）如何避免"污水效应"

- ◎ **意识到消极偏差的存在**：认识到人类天生更易关注负面事件，可以帮助我们在日常生活中更客观地评估事件。通过不断提醒自己，负面事件并非全貌，我们可以避免让小错误或失误掩盖整个事件的成功。
- ◎ **制造更多的"美酒"**：正如前文提到的"5∶1"原则，积极的互动和体验可以减轻负面事件的影响。我们可以有意识地增加生活中的正面体验，无论在工作中还是个人关系里，制造更多的"美酒"，以便在污水来袭时依然能保持内心稳定。

◎ **接受不完美**：学会接受不完美，允许偶尔的污水出现，是保持心理健康的重要一步。

意识到酒与污水效应的存在，学会平衡心中的"美酒与污水"，将有助于我们在面对挫折时保持理智和更加平和的心态。

## 34 社会惰化效应
### ——为什么我们在群体中更容易"偷懒"

想象一下这样一个场景：在一个团队协作的项目中，明明每个人都具备完成任务的能力，甚至有些人独自完成项目也毫无问题，但当大家一起合作时，任务的进展却缓慢至极。是不是有些熟悉？你可能经历过团队成员在群体活动中表现平庸、心不在焉或者拖延的情况。这就是心理学中所谓的"社会惰化效应"。

### （一）为什么我们会在群体活动中变懒

参与群体活动时，个人可能会选择减少自己的努力，因为他人同样也在为目标努力。简而言之，我们会依赖他人承担更多责任，自己则逐渐退居幕后。而这并非个人道德缺失或能力不足的表现，它是人类本能的一部分，且与我们对自身责任的感知密切相关。

### （二）心理学的解释

社会惰化效应的概念最早由心理学家马克斯·林格曼（Max Ringelmann）在1913年提出，他通过拔河比赛实验发现，个体在集体活动中所付出的努力随着群体人数的增加而减少。当群体规模较小时，个体的表现相对出色，但随着人数的增加，每个人的努力逐渐减少。这一现象被称为"林格曼效应"，是社会惰化效应的早期研究。

社会惰化的本质在于个体责任感的分散。心理学家莱坦尼（Latane）、威廉姆斯（Williams）和哈金斯（Harkins）于1979年在他们的经典实验中进一步验证了这一理论。他们发现，个体在群体中的投入会因为"责任分散"而降低，即当人们觉得自己的贡献无法被单独衡量时，他们倾向于减少努力。

## （三）群体中的"隐形人"

社会惰化效应不仅发生在日常工作中，也在其他各类场景中频繁出现。想象一下，你正在参加一场大型的慈善募捐活动。面对一群观众，你是否觉得自己捐多捐少并不会对整体金额产生太大影响？这时，社会惰化效应悄然发生——你可能会选择少捐，甚至不捐。你告诉自己，反正其他人在捐，我的贡献无足轻重。

这种现象还体现在群体决策中。当人数过多时，人们往往会觉得自己的意见不再重要，因此不再积极参与讨论或提出建议。这时，群体的整体表现和效率反而下降，陷入所谓的"群体思维"中。

## （四）如何打破社会惰化的魔咒

◎ **明确责任分工**：当个体明确知道自己的任务并意识到其不可替代性时，社会惰化现象会显著减少。比如，团队领导者可以通过分配具体任务，确保每个人都意识到自己对团队的独特贡献。

◎ **提高任务重要性**：当任务具有个人意义或当个体认为自己的努力能够带来重要影响时，社会惰化的倾向会降低。这意味着，赋予个体更多的自主权和任务的归属感，能够提高他们的参与度。

◎ **建立反馈机制**：通过定期提供反馈和评价，使得个体对自己的表现有所感知。这种透明的评价机制可以减少责任分散的现象，促使每个人更认真地对待自己的任务。

社会惰化效应揭示了一个有趣的心理现象，即我们在群体中的表现有时并不像想象中那样出色。然而，理解这一效应并找到解决办法，能够帮助我们在群体协作中更加高效地完成任务。

每个人都曾在群体中感受到那种"隐形"的力量，但如何让自己脱颖而出，积极主动地贡献力量，才是团队成功的关键。当我们明白如何避免社会惰化的陷阱时，不仅个人能力能够最大化发挥，群体的整体表现也将超乎想象。

## 35 赫洛克效应

赫洛克效应指的是人们倾向于根据某个人的单一优点（如外貌、成就等）对其整体形象产生积极或消极的偏见。这种偏见不仅影响人际交往，还深刻影响着我们在日常生活中的各种判断，甚至包括对产品、服务的评价，职场中的晋升决策等。

### （一）你真的看到了全貌吗

在一次面试中，你遇到了一名应聘者，他衣冠整洁，态度自信，简历上的学历和工作经验都令人印象深刻。你很快得出结论：这人一定是一个能力全面、品行端正的优质人才。几天后，当他在工作中出现了几次失误时，你会感到惊讶和不解。或许你已经落入了赫洛克效应的陷阱：仅凭初次印象，对这个人形成了过于乐观的整体评价，而忽视了其他可能的负面因素。

赫洛克效应最早由心理学家伯特·赫洛克（E. B. Hurlock）在1920年的一项实验中发现。当时，赫洛克请军官们评价士兵的多种素质，如智力、领导能力等。他发现，如果士兵在某一方面表现优异，军官们倾向于认为他在其他方面也同样优秀。这种以局部特质影响整体判断的现象便被称为"赫洛克效应"。

## （二）赫洛克效应如何影响生活中的我们

你是否因为一个产品外观设计精美就认为它性能优越？是否在课堂上看到一名穿着得体的学生便默认他成绩优秀？这些微妙的认知偏差，正是赫洛克效应在发挥作用。

尤其是在商业领域，赫洛克效应的影响极为深远。营销学上，品牌通过包装、广告等手段，精心塑造出产品的优质形象，进而影响消费者对产品整体性能的评价。即使在数据并不充分的情况下，我们往往也会凭借第一印象做出购买决定。许多品牌就是利用这一心理效应，吸引消费者购买产品。

## （三）赫洛克效应的深层机制

赫洛克效应背后的心理机制可以追溯到我们的大脑如何处理信息。我们的认知系统更倾向于节省能量，因此我们常常基于已有信息迅速做出判断。赫洛克效应正是大脑的一种"捷径"，它帮助我们快速做出决策，而不必耗费太多精力去分析每一个细节。然而，这种"捷径"虽然有效率，但往往并不准确。

研究表明，当我们对某个人形成正面或负面的整体印象后，之后获取的所有信息都会不自觉地与这种印象关联。例如，如果你认为某人非常聪明，你就更容易将他们偶尔的错误解释为"失误"，而非能力不足。同样，如果你对某人有负面印象，那么即便他做了些好的事情，你也可能会觉得那只是偶然。

## （四）如何克服赫洛克效应的影响

◎ **延迟判断**：在评判某人或某物时，避免立刻下结论。多搜集信息，并允许自己多次观察和验证，避免依赖初始印象。
◎ **区分个别与整体**：学会将某一特质与整体形象分离。例如，在职场中，尽量将外貌、态度与专业能力分开看待，单独评估每项能力。
◎ **寻求客观标准**：在需要做出决策时，尽量依赖客观的、可量化的数据。例如，在招聘中，关注应聘者的实际工作表现和技术能力，而不是仅凭面试中的表现。
◎ **反思自己的认知偏差**：定期反思自己是否因为赫洛克效应做出过不公平的判断，培养意识，并加以修正。

赫洛克效应在生活中无处不在，它既可以帮助我们快速做出决定，也可能让我们陷入认知偏差的陷阱。正如心理学家理查德·尼斯贝特（Richard Nisbett）指出的那样，人类的大脑并不是天生的逻辑机器，它充满了各种感知和判断上的偏差。然而，正因为认识到了这些偏差，我们才能在日常生活中更加警觉，避免因赫洛克效应而导致的错误判断。

## 36 拆屋效应
——你是否正在拆毁自己的"心理房屋"

在心理学中,有一个令人不寒而栗的概念,叫作"拆屋效应"。它听起来像是建筑工程的一部分,但在心理世界中,却与我们无意识的自毁行为息息相关。这种现象,究竟是如何影响我们的心理健康,又为何会不知不觉地发生在我们身上呢?这不仅仅是一个简单的心理现象,它深刻影响着我们的日常决策、情感管理和行为选择。

### (一)你是否正在拆毁自己的"心理房屋"

设想一下,你站在自己精心构建的心理房屋前,这座房屋代表着你多年来建立的自信、情感、关系以及个人价值观。但突然之间,你意识到自己竟在无意识中开始拆除这些支撑自己内心世界的"砖瓦"——这就是"拆屋效应"的精髓所在。无论是在人际关系中主动挑起冲突,还是在自我成长中屡屡设置障碍,这些行为都可能是我们在"拆屋"。

### (二)拆屋效应的深层动机

"拆屋效应"最早来源于精神分析的相关理论,描述的是一种潜在的自我破坏行为。这种行为往往是无意识的，表现为个体在取得一定的成就或稳定状态后，开始主动或被动地破坏这些成就或稳定性。

从心理动力学的角度看，拆屋效应可能是由内在冲突引发的。内在的矛盾、未被疗愈的童年创伤或潜藏的自卑感可能在某一时刻悄悄发酵，促使个体通过"拆除"自己已有的心理建设来维持某种心理平衡。弗洛伊德（Freud）的自我与本我理论或许能够解释这一现象：我们看似理智的自我可能会受到本能驱动的无意识力量影响，而这些无意识力量往往与个人的深层焦虑、恐惧密切相关。

此外，认知心理学的研究指出，这种现象可能与认知失调有关。当我们达成了一些目标或实现了某种个人价值后，可能会产生一种认知上的不适感——一种"我不配拥有这些成就"的感觉。为了消除这种不协调感，个体可能会选择通过自我破坏的方式回归到更熟悉甚至是更痛苦的状态。毕竟，习惯性的负面情绪虽然痛苦，却有一种令人安心的"熟悉感"。

## （三）我们是如何一步步毁掉自己的

- ◎ **人际关系中的自我设限**：你是否在一段感情或友情中，明明知道某些行为会导致冲突甚至结束关系，但依然无法控制自己地去做？这或许就是在拆毁你与他人关系的"心理房屋"。
- ◎ **职业生涯中的自毁行为**：当一个人取得了职业上的成功，内心却感到无法应对这种成功的压力时，可能会选择无意识地破坏自己的职业发展，推迟完成工作任务或与同事产生不必要的矛盾。
- ◎ **自我成长中的心理"倒退"**：在取得某种心理突破之后，有些人反而会感到无所适从，因而回到旧有的行为模式，逃避"新生"的压力。

## （四）我们应该如何避免拆毁自己的心灵家园

- ◎ **提升自我觉察**：学会识别自己潜在的负面行为模式，尤其是在情绪起伏较大的时候问问自己："我现在的行为是在为自己的长期目标服务，还是情绪驱使下的短期反应？"
- ◎ **面对内心的冲突与创伤**：很多拆屋行为的背后隐藏着深层次的心理创伤。通过心理咨询或自我反思，我们可以深入挖掘这些创伤的根源，从而避免它们再次控制我们的行为。
- ◎ **接纳自己的不完美与成就**：我们要学会欣然接受自己取得的成就，承认自己的价值，同时也要理解并接纳自己内心的矛盾和不安。通过自我接纳的过程，人们可以减少认知失调给我们带来的不适感。

拆屋效应听起来可怕，但它为我们提供了一个重新审视自我与内心世界的机会。虽然无意识的力量很强大，但我们通过提升自我觉察与心灵修炼，依然有能力控制自己的行为并重建心灵的家园。与其继续拆毁，不如学会维护和修复这座心灵的房屋，让生活更加充实。

## 37 内卷化效应
——看不见的巨大压力

你是否有过这样的经历：你明明已经足够努力，却依然无法摆脱那种无形的压力；在职场中，你投入加倍的时间和精力，但升职加薪依然遥遥无期；在学校里，你每晚挑灯夜战，成绩虽在上升，却总有种被"卷"进无尽竞争的困顿感。这种现象背后的心理机制，正是当今社会普遍存在的内卷化效应。

### （一）内卷究竟从何而来

"内卷化效应"由人类学家克利福德·格尔茨（Clifford Geertz）在1963年对印尼农业的研究中提出，后经黄宗智等学者引入中国研究。内卷最初是来自人类学和经济学的一个概念，用于描述在资源有限的情况下，社会群体为了竞争，过度投入却得不到更高的回报。心理学中的"内卷化效应"则更关注个体在社会竞争压力下的心理体验与行为反应。为什么当今社会的人们，尤其是年轻人，似乎无时无刻不被内卷所束缚？究竟是外部环境的压力，还是个体内心的焦虑，促使我们不由自主地卷入这场"看不见的战争"？

## （二）内卷的四重压力

- **社会比较：无尽的攀比**。心理学家费斯丁格提出的社会比较理论指出，人们倾向于通过与他人比较来评估自己的价值，社交媒体的兴起使得这一现象尤为显著。朋友的旅游照片、同事的业绩晒图，都可能成为我们无意识进行自我评估的依据。这种"看别人都在进步，我不能落后"的心理状态，很容易导致个体陷入内卷的陷阱。

- **目标错觉：永远不够好**。除了外部的比较，心理学家希金斯（Higgins）提出的自我差异理论也解释了个体在内卷中的心理状态。每个人心中都存在理想自我，这是我们认为自己应该达到的标准。然而在面对激烈的竞争时，我们往往会不切实际地将目标无限提高。即便已经取得了一些成就，我们依然感到不满足，认为自己还不够好。于是，为了不断缩小理想自我与现实自我的差距，个体陷入了无休止的努力与焦虑中。

- **失败恐惧：不敢停下脚步**。失败恐惧是内卷的另一个重要心理因素。无论是在学业、事业还是人际关系中，失败似乎成了许多人无法承受的重负。心理学研究发现，过于害怕失败的人常常会采取过度努力的行为，甚至不惜透支自己的身心健康。因为在他们的认知里，稍有懈怠就会失败，而失败就意味着自我价值的贬低。

- **社会期待：背负"成功"的重担**。心理学中的社会认同理论揭示了人类在群体中寻求认同感和地位的需求。当今社会中,成功的标准似乎越来越统一——高学历、高收入、高地位,而这些社会期待为个体带来了巨大的心理压力。为了不被他人看作"失败者",人们往往会被迫参与这场你追我赶的竞争,哪怕这种竞争对个人的发展并没有太大帮助。

## (三)内卷带来的心理后果

在内卷的过程中,个体很容易陷入焦虑、倦怠和自我怀疑的恶性循环。研究表明,内卷效应长期存在会对个体的心理健康造成深远影响。个体在面对频繁的竞争和过高的期望时,容易感到心力交瘁,甚至出现"职业倦怠"症状,还可能导致个体的自尊心下降和抑郁情绪加剧。当个体意识到无论自己如何努力,依然无法打破困境时,内卷效应可能会让个体失去对生活的掌控感。

## (四)如何从内卷中突围

◎ **改变比较对象**:正如认知行为疗法所强调的,改变认知方式是解决问题的关键。我们不妨减少对他人的过度关注,转而与过去的自己比较。通过评估自己每一步的成长,而非他人的进展,个体可以在心理上获得更多的满足感。

◎ **设定可实现的目标**:学会设定SMART原则(Specific,Measurable, Achievable, Relevant, Time-bound)的目标,

可以帮助我们减少过度的压力和焦虑。目标设定过高只会导致自我挫败感，而合理的目标则能够带来成就感和动力。

◎ **接纳失败与不完美**：心理学家阿尔伯特·艾利斯（Albert Ellis）提出的合理情绪疗法（Rational Emotive Behavior Therapy，REBT）主张，接受自己的不完美是走出焦虑的关键一步。我们需要理解，失败是成长的一部分，而不是自我价值的全盘否定。只有接纳失败的可能性，才能真正从内卷的焦虑中解脱出来。

内卷化效应是当代社会不可忽视的心理现象。无论是在职场、校园还是人际关系中，我们都无法避免与他人竞争。然而，内卷的压力不应成为我们生活的主旋律。正如哲学家尼采所言："那些未能杀死我的，将使我更强大。"内卷并不可怕，可怕的是我们在这场无休止的竞争中迷失自我。学会放下不必要的比较，专注于自己的成长，或许才能从内卷中真正突围。

## 38 弃猫效应

弃猫效应是日本动物行为学家今泉忠明在《被误解的动物们》中描述的现象，后引申至心理学领域，它描述的是个体抛弃某些责任或不再给予关注的行为模式。这一效应揭示了人们对一开始热情、关心的对象，随着时间推移逐渐失去兴趣，并最终疏远甚至遗弃的过程。为了更好地理解这一现象，我们通过一个故事，来诠释"弃猫效应"的心理学内涵。

### 案例

#### 小猫的到来

故事发生在一个普通的家庭，主人公李明和他的妻子王琳生活在城市中，他们一直渴望拥有一只可爱的宠物。某天，李明下班时，在街角发现了一只毛色光滑、眼神清澈的小猫在寒风中蜷缩着。看到小猫那楚楚可怜的模样，李明心生怜悯，毫不犹豫地把它抱回了家。

王琳看到小猫后也非常喜欢，她高兴地说道："哎呀，它真可爱！我们给它取个名字，就叫'小白'吧。"

李明笑了笑，点头同意。从那天起，小白成了这个家庭的一员。

### 热情的初期

刚开始,李明和王琳对小白呵护备至。他们每天精心准备猫粮,还买了一个舒适的猫窝。王琳常常抱着小白,轻轻抚摸它,和李明讨论着它的一举一动。

"你看它多聪明啊!"王琳一次逗猫时说道,"它好像懂得我们的每句话。"

李明点头:"是啊,它给我们的生活带来了不少乐趣。"

每天李明下班回来,都会和小白玩耍。而王琳则会用手机拍下它的可爱照片,发到朋友圈里炫耀。

### 兴趣的渐渐减退

随着时间的推移,俩人对小白的新鲜感逐渐消退。李明的工作越来越忙,常常加班到深夜。王琳的生活也变得繁忙,她开始抱怨自己要处理太多的家务,照顾小白成了一种负担。

一天晚上,李明疲惫地回到家,王琳已经在沙发上打盹。小白试图蹭到李明脚边撒娇,但李明轻轻把它推开:"小白,乖,别闹,我太累了。"

接下来的几天,李明和王琳渐渐忽视小白的存在,甚至偶尔忘记给它喂食。猫窝变得凌乱,王琳也不再像以前那样频繁地清理。小白只能孤零零地卧在窗边,看外面的世界。

### 最终的疏远

几个月后,李明和王琳几乎完全忽视了小白的存在。

小白曾经是他们生活的中心，而现在它变成了"家里的摆设"。当朋友来访时，他们会开玩笑地说："哦，对了，我们家还有只猫，叫小白。不过它已经不怎么需要我们了。"

一天晚上，王琳忍不住对李明抱怨道："其实我们根本不应该养猫。它现在每天无精打采的，看着就让人烦。"

李明点点头："也许吧……要不我们找个好人家送了它？"

## 弃猫效应的心理机制

上面的故事清晰地展示了"弃猫效应"。这种心理现象不仅存在于人与宠物之间，还广泛存在于各种人际关系中，甚至是个人对工作、兴趣爱好等的态度。

心理学上，弃猫效应反映了人类的"习惯化"机制。人们对新事物通常充满热情，但随着接触时间变长，最初的好奇和新鲜感逐渐消失，注意力便会转移到其他事物上。这种行为背后是人类大脑对于重复性刺激逐渐"钝化"的自然反应。

在社会关系中，弃猫效应还可能导致亲密关系的破裂。情侣或朋友间，最初的甜蜜和关心，往往会因为时间的流逝而慢慢褪去，最终导致关系冷淡甚至分离。

弃猫效应警示我们：习惯化会削弱价值感知，导致情感疏离，无论是对宠物的照顾，还是对人际关系的维系，都需要持续的关注和努力。唯有保持持续的责任感和投入，才能避免"弃猫"的悲剧上演。

##  野马效应

——别让情绪"杀"了你

在心理学中,有一个有趣的现象叫"野马效应",它源自非洲谚语"野马死于小伤口",由生物学家罗伯特·萨波尔斯基(Robert Sapolsky)在《为什么斑马不得胃溃疡》中引入压力研究(1994),形象地描述了一个人如何被自己的情绪困扰,最终在情绪中迷失方向,甚至做出一些不理智的决定。与其说是被问题本身击败,不如说是被面对问题时产生的情绪击败了。野马效应的核心在于:情绪如同脱缰的野马,一旦失控,就会不断膨胀,直至伤害到自己或他人。

为了更好地理解野马效应,我们不妨来看看下面的故事。

**案例**

### 张明与李娜的职场纠葛

张明和李娜是同事,他们在一家广告公司工作。张明是公司的资深文案策划,凭借自己多年的经验和才华,他在团队中享有很高的威望。李娜是新晋设计师,虽然年轻,但她创意十足,深得公司高层的赏识。

有一次，公司接到了一个重要的项目。领导决定让张明和李娜合作，张明负责文案，李娜负责设计。起初，两人配合得还算默契，但在项目进行到一半时，矛盾出现了。

一天早晨，李娜兴奋地拿着她的新设计图找到了张明。

"张哥，这是我新设计的，你看看怎么样？"李娜满脸期待。

张明接过设计稿，仔细看了几眼，眉头微皱。"嗯，这个配色不太行，文案和设计的搭配也有些生硬。你是不是可以再改一下？"

李娜有些失望地看着张明。"张哥，我觉得这个配色挺新颖的，也符合年轻人的审美。你是不是可以给点更具体的意见？"

张明的语气不由得变得有些强硬："我说得还不够具体吗？你这样设计根本无法打动客户，你得明白，创意是创意，但实用性也很重要！"

李娜听到这话，感觉受到了冒犯，她觉得张明根本没有理解她的想法，只是站在经验的角度压制她的创意。她沉默了一会儿，拿起设计稿头也不回地离开了办公室。

### 情绪失控，野马效应的蔓延

李娜走出办公室后，情绪越来越糟糕。她觉得张明看不起她，是在打压她这个年轻人。她越想越气，回到座位上，直接给领导发了一封邮件，要求换一个合作伙伴。

领导感到很意外,为了项目顺利进行,他决定召开一次会议,协调两人的分歧。

在会议上,张明显得很冷静,而李娜则显得十分激动。

"我觉得张哥不尊重我的工作,总是用他的'资深经验'来压制我的创意!"李娜愤愤不平地说。

张明则不急不缓地回应道:"我只是从专业的角度提出了意见,你不接受也没关系,但你不能因此就觉得我是在打压你。"

两人之间的火药味越来越重,会议室的气氛越来越紧张。领导见状,只能先宣布暂时休会,让大家冷静一下再讨论。

### 情绪失控带来的后果

这场会议之后,张明和李娜的关系彻底僵化了。张明觉得自己的好心被当成了驴肝肺,情感上很受挫败,而李娜则认为张明是在有意挑衅,情绪更是如火山爆发。

在之后的项目合作中,两人几乎不再直接沟通,而是通过邮件和第三方来传达信息,导致项目进展一度停滞。最终,公司高层不得不安排其他人接手这个项目,张明和李娜被要求去做其他工作。

这场合作的失败,不仅影响了项目进度,还对两人的职业生涯造成了不小的冲击。张明被认为不善于与年轻人沟通,而李娜则被认为情绪化严重,处理问题不够成熟。

## 如何应对野马效应

在这个故事中,张明和李娜的矛盾并非源于实际的项目问题,而是彼此之间无法控制的情绪。一开始,张明只是提出一些专业意见,李娜却觉得被冒犯了,这种情绪一旦产生,就像一匹脱缰的野马,狂奔,最终失控。

这种情绪失控的状态就是典型的"野马效应"。在这个过程中,事情本身并没有任何变化,但由于情绪的放大作用,使得两人之间的误解越来越深,导致问题无法有效解决。

要应对野马效应,首先,需要学会情绪的自我管理。当我们感受到强烈的负面情绪时,最好的办法是暂停交流,深呼吸,冷静思考自己的感受来源以及是否合理。其次,要学会换位思考,尝试理解对方的立场和感受,这样更容易达成解决问题的共识。

我们也可以运用积极的沟通技巧,来帮助情绪管理。例如,在表达自己的观点时,尽量使用"我觉得""我认为"这样的措辞,而不是指责性的话语;在倾听他人时,也要给予充分的尊重和反馈,而不是一味地打断或否定。

野马效应提醒我们,生活中的大多数问题并不是由问题本身产生的,而是我们对待问题的态度和处理情绪的方式引起的。每个人都可能成为那个被"野马"拉着跑的人,但只要学会管理自己的情绪,掌控自己的"缰绳",就能避免让情绪失控,找到更好的解决办法。

## 40 管窥效应

在日常生活中,我们常常会基于有限的信息和个人经验来对某个人或某件事做出判断,这种现象在心理学上被称为"管窥效应",由管理学家西里尔·诺斯古德·帕金森(Cyril Northcote Parkinson)在1958年提出,描述过度关注局面而忽视整体的决策偏差。这种效应对我们的人际交往、决策制定乃至职业生涯都可能产生深远的影响。让我们通过一个故事来深入探讨管窥效应的表现及其后果,并结合实际情境探讨如何避免这一认知陷阱。

### 案例

#### 故事背景

王伟是一家大型科技公司的资深工程师,工作认真负责,技术精湛,深得上司信任。在他的团队中,有一名新入职的年轻工程师李强,他虽然刚刚毕业不久,但在学校里表现优异,对新技术有着浓厚的兴趣。

公司最近接到一项重要的任务,要求团队在两个月内开发出一个全新的软件系统。王伟被指定为项目负责人,他迅速召集团队,开始讨论项目的总体规划和技术选型。

## 管窥效应的萌芽

在第一次团队会议上,王伟提出了自己的技术方案,认为应该继续沿用公司之前成熟的技术路线,以保证项目的稳定性。然而,李强却提出了不同的意见:"王工,我最近研究了一种新的编程框架,这个框架在处理大数据和并发送请求时性能非常出色。我觉得我们可以考虑使用它来提高系统的效率。"

王伟听了李强的建议,微微皱眉:"这个框架我听说过,但毕竟是新技术,我们没有足够的经验去应对它可能带来的问题。项目时间紧迫,我们不能冒这个风险。"

李强见王伟态度坚决,只好作罢,但心中难免有些失落。

## 管窥效应的深化

随着项目的推进,王伟对李强的看法逐渐发生了变化。一次代码审查中,王伟发现李强写的代码存在一些不规范的地方,便提醒道:"李强,你的代码风格需要注意下,虽然功能实现了,但这些小问题会影响到整个团队的工作效率。"

李强点头表示理解,但内心却开始质疑自己在团队中的价值。

随着时间的推移,项目进入了关键阶段。然而,系统的性能始终达不到预期,团队几乎尝试了所有传统的优化手段,但效果甚微。这时,李强再次提出了自己的建议:

"王工,要不试一下我之前提到的新框架?也许可以突破当前的性能瓶颈。"

王伟沉默片刻,最终还是摇了摇头:"现在改变技术路线太冒险了,我们还是继续优化现有方案吧。"

### 管窥效应的后果

项目进入了交付阶段,但系统的性能问题依然没有得到根本解决。就在这时,公司的首席技术官刘总对项目进行了评估并提出了自己的意见。

"王伟,我注意到你们的系统性能一直存在瓶颈。为什么不尝试李强提到的那个新框架呢?我对这个技术做过一些研究,觉得它在处理类似场景时有很大的优势。"

王伟惊讶地看着刘总,又转头看了看李强。他突然意识到,自己可能因为对新技术的陌生感和对李强经验不足的偏见而忽略了一个可能的解决方案。

在刘总的建议下,团队决定尝试李强提出的新框架。经过一番努力,系统的性能终于得到了显著提升,项目成功按时交付。李强的建议不仅拯救了项目,也让团队对他的能力有了新的认识。

## 反思与总结

通过这个故事,我们可以看到"管窥效应"在现实生活中的具体表现和后果。王伟由于过度依赖自己的经验和对新技术的保守态度，忽视了李强提出的有效建议，差点导致项目失败。这种狭隘的视角让他在决策过程中陷入了认知偏见，无法全面、客观地评估李强的能力和新技术的潜力。

心理学研究表明，管窥效应常常会导致个体在决策时忽略重要信息，甚至形成错误的判断。为了避免陷入这一认知陷阱，我们需要培养更加开放和包容的心态，勇于接受不同的观点和建议并时刻提醒自己，不要仅凭有限的经验做出判断。

在《思考，快与慢》一书中，心理学家丹尼尔·卡尼曼指出，人类的认知系统容易受到各种偏见的影响，因此在面对复杂问题时，我们应更加慎重和全面地考虑问题。这也正是我们在日常生活和工作中需要时刻警惕的：不要让管窥效应限制了我们的思维，阻碍我们对真相的探索。

## 41 道德执照效应

生活中，我们常常会遇到一些令人费解的现象：一个平日里非常慷慨的人，偶尔却会表现出自私的一面；一个极其注重环保的人，却可能在某个时刻无视环保原则。这种现象背后隐藏着一个有趣的心理学概念——道德执照效应。

### （一）什么是道德执照效应

道德执照效应指的是当人们在做出了一个符合道德标准的行为之后，往往会在后续的行为中更容易做出不道德或与之前道德形象不符的行为，仿佛之前的道德行为为他们颁发了一张"执照"，允许他们在之后进行一些不那么道德的放纵，由心理学家莫妮卡·巴特尔斯（Monica Bartels）和戴维·梅索（David Messick）在2001年通过实验首次验证。

### （二）产生原因

◎ **自我认知偏差**：人们倾向于将自己视为道德良好的个体，当完成一项道德行为后，会过度强化这种自我认知，认为自己已经积累了足够的"道德资本"，从而放松了对后续行为的道德约束，觉得偶尔的不道德行为不会影响自己的整体道德形象。

- ◎ **心理平衡机制**：在人们的内心深处存在着一种追求心理平衡的倾向。当进行了道德行为后，可能会产生一种心理上的"亏空感"，觉得自己为道德付出了努力，需要通过一些不道德行为来获得某种程度的心理补偿，以恢复内心的平衡。
- ◎ **社会环境影响**：社会对道德行为的赞扬和认可，可能会让个体产生一种道德优越感，这种优越感在一定程度上会降低他们对自身道德要求的敏感度，使得他们更容易受到外界诱惑而做出不道德行为。

## （三）表现形式

- ◎ **消费领域**：消费者购买了环保产品后，可能会觉得自己已经为环保做出了贡献，从而在其他方面，如过度使用能源、随意丢弃垃圾等行为上变得更加放纵，认为自己有了"道德执照"可以在这些方面放松对自己的要求。
- ◎ **职场环境**：员工在工作中积极参与了某项公益活动或完成了一项高难度的道德任务后，可能会在后续的工作中出现一些懈怠、偷懒甚至违规的行为，觉得自己已经有了足够的道德功绩，可以在其他方面适当放松。
- ◎ **人际关系**：一个人在平时对朋友非常慷慨大方，帮助朋友解决了很多困难，当遇到自己有困难时，他可能会对朋友提出一些过分的要求，或者在某些事情上表现得非常自私，认为自己之前的慷慨行为赋予了自己这样做的"权利"。

## （四）影响

- **对个人的影响**：从短期看，道德执照效应可能会让个体在做出不道德行为后获得一时的心理满足或利益，但从长期来看，这种行为模式会逐渐损害个人的道德品质和声誉，导致他人对自己的信任度降低，也会影响自己内心的道德准则和自我认同，使自己陷入道德困境和心理冲突之中。
- **对社会的影响**：在社会层面上，道德执照效应的普遍存在可能会削弱社会的道德规范和公序良俗，降低整个社会的道德水平。当越来越多的人认为自己可以凭借之前的道德行为而随意放纵时，社会的道德秩序将受到严重挑战，人与人之间的信任和合作也会受到极大的冲击。

## （五）应对措施

- **自我反思与警觉**：个体要时刻保持对自己行为的反思和警觉，意识到之前的道德行为不应该成为放纵的借口，要始终坚守道德底线，不因一时的道德功绩而放松对自己的要求。
- **建立正确的道德观念**：社会和家庭应加强对正确道德观念的教育和引导，让人们明白道德是一种持续的品质和责任，而不是可以用来交易或放纵的资本，帮助人们树立正确的道德认知和价值观。

◎ **强化监督与奖惩机制**：在社会和组织中，建立健全的监督和奖惩机制，对道德行为进行及时的赞扬和奖励，对不道德行为进行严肃的批评和惩罚，通过外部的约束和激励来减少道德执照效应的发生。

道德执照效应提醒我们，人在自我评价时往往会出现偏差，这种偏差有时会导致不一致的行为模式。这一效应不仅有助于我们更好地理解他人的行为，也有助于我们在自己的行为选择中保持警惕，避免因一时的"道德许可"而放松对自己的要求。

## 42 破窗效应

破窗效应最初是由美国政治学家詹姆斯·Q. 威尔逊（James Q. Wilson）和犯罪学家乔治·L. 凯林（George L. Kelling）提出的犯罪学理论，后被广泛应用于心理学等多个领域，在恋爱关系中也有其独特的体现和影响。

### （一）破窗效应理论

该理论认为，如果有人打坏了一幢建筑物的窗户玻璃，而这扇窗户又得不到及时的维修，别人就可能感受到某些示范性的纵容去打烂更多的窗户。在恋爱关系中，可类比为当一些小的负面行为或问题没有得到及时关注和解决时，就会引发更多类似甚至更严重的问题出现。

### （二）具体体现

- **初期小问题的忽视**：在恋爱初期，一方可能偶尔忘记回复对方的信息、约会迟到几分钟等，这些看似微不足道的小问题，如果没有引起双方足够的重视并及时沟通解决，就会给对方传递出一种"这些行为是可以被接受的"信号。

◎ **负面行为的逐渐增多**：随着时间的推移，未被解决的小问题不断累积，可能会导致一方的负面行为逐渐增多。比如，从偶尔忘记回复信息发展到经常不回，从约会迟到几分钟变成迟到半小时甚至更久，从偶尔的粗心大意演变成对对方感受的长期忽视等。

◎ **心理暗示与态度转变**：对于这些不断出现的问题，双方的心理也会发生变化。受伤害的一方可能会从最初的理解和包容，逐渐转变为失望、不满和怨恨；而实施负面行为的一方则可能因为没有及时制止不当行为，而越发不重视自己的行为对对方的伤害，认为这些都不是什么大不了的事情。

◎ **关系的恶性循环与破裂**：随着小问题的不断放大和恶化，双方的关系会陷入恶性循环。原本的小摩擦可能升级为大争吵，彼此之间的信任和亲密感逐渐被消磨，最终可能导致感情的破裂。例如，因为一方长期不注意个人卫生，最初另一方只是委婉提醒，但没有效果，后来就会因为这个问题频繁争吵，进而引发对彼此生活习惯、价值观等更多方面的不满和冲突，使感情走向尽头。

## （三）应对措施

◎ **及时沟通与修复**：当恋爱关系中出现小问题时，双方要及时坦诚地沟通，表达自己的感受和需求，共同寻找解决办法，及时"修复窗户"，避免问题进一步恶化。

◎ **树立正确的认知**：要认识到小问题的潜在危害，不能因为问题小就忽视或纵容，明白每一个小问题都可能是影响感情健康发展的隐患，重视对感情的日常维护。
◎ **建立积极的互动模式**：双方应努力建立积极健康的互动模式，多关注对方的优点和付出，及时给予肯定和鼓励，增强彼此的情感连接，减少负面行为的出现，从而有效预防破窗效应在恋爱关系中的发生。

感情中的破窗效应告诉我们，关注细节，及时修复，是维系一段美好关系的关键。

# 43 虚假普遍性效应

在日常生活中，我们常常会高估自己的观点、信念和行为在他人中的普遍性。无论是在政治讨论、社交互动，还是在职场决策中，这种认知偏差都会显现。这种现象在心理学上被称为"虚假普遍性效应"，由斯坦福大学心理学系名誉教授、美国科学院院士李·罗斯（Lee Ross）在1977年通过经典实验提出，提示人们高估他人与自己观点一致性的倾向。

## （一）什么是虚假普遍性效应

虚假普遍性效应指的是人们常常会高估自己的观点、信念和行为在他人中的普遍性，即人们倾向于认为自己的想法和做法是大多数人会有的，而实际上可能并非如此。

## （二）产生原因

- **自我中心思维**：人类在认知过程中往往会以自我为中心，从自己的角度出发去看待世界和他人。在这种思维模式下，人们会不自觉地认为自己的观点和行为是合理且常见的，因为这是基于自己的经验和认知得出的，所以会理所当然地认为其他人也会有相同的看法和做法。

◎ **认知可得性偏差**：人们在进行判断时，往往更容易回忆起与自己观点和行为相似的信息，而忽略那些与自己不同的信息。这种认知上的偏差使得人们感觉自己的观点和行为更为普遍，因为他们所接触到的和能够想到的大多是与自己相似的情况。

◎ **动机性推理**：人们通常希望自己的观点和行为能够得到他人的认可和支持，为了满足这种心理需求，会倾向于认为自己的观点和行为是大多数人所共有的。这样可以让自己感觉更有归属感和安全感，同时也能增强自己对所持有观点和行为的信心。

## （三）表现形式

◎ **政治讨论中**：持有不同政治立场的人在争论时，往往会认为自己的立场是大多数人所支持的正义一方，而对方的观点则是少数人的错误观点。例如，在关于某项政策的讨论中，支持该政策的人会觉得大多数民众和自己一样看到了政策的好处和必要性，而反对者则认为大多数人和自己一样对该政策存在诸多担忧和不满。

◎ **社交互动中**：一个人喜欢某种特定类型的音乐、电影或时尚风格，就会认为身边的人也大多会喜欢，并且会对那些与自己喜好不同的人感到惊讶或难以理解。比如，一个热衷于摇滚音乐的人可能会觉得周围的人都应该像他一样热爱摇滚，而对那些喜欢流行音乐的人表示不理解，认为摇滚才是更具魅力和普遍性的音乐类型。

◎ **职场决策中**：当领导提出一个新的工作方案时，提出方案的领导往往会认为这个方案会得到大多数员工的认可和支持，因为在他看来这个方案是非常合理和有效的。然而，实际情况可能是很多员工对该方案存在不同意见或担忧，但领导却因为虚假普遍性效应而高估了方案的受欢迎程度。

## （四）影响

◎ **对个人的影响**：虚假普遍性效应可能导致个人过度自信，对自己的观点和行为缺乏客观的审视，从而难以接受他人的不同意见和建议，影响个人的学习和成长。此外，当发现实际情况与自己的预期不符时，可能会产生心理落差和困惑，甚至会对自己的认知和判断产生怀疑，影响心理健康。

◎ **对群体的影响**：在群体中，虚假普遍性效应可能会加剧群体内部的同质化倾向，使得不同的观点和声音难以得到充分表达和重视，从而降低群体决策的质量和多样性。同时，它也可能导致群体之间的隔阂和冲突加剧，因为不同群体的成员都认为自己的观点是普遍正确的，而对方的观点是错误的，这会进一步激化群体间的矛盾和分歧。

## （五）应对措施

◎ **自我反思与换位思考**：个人要经常进行自我反思，意识到自己可能存在的认知偏差，尝试从他人的角度去思考问题，理解他人可能有与自己不同的观点和行为，从而减少对自己观点普遍性的高估。

◎ **广泛收集信息和意见**：在做出判断或决策之前，要主动积极地收集更多的信息和不同的意见，避免只关注与自己相似的信息，通过了解更广泛的观点和情况，更准确地认识自己观点和行为在人群中的普遍性。

◎ **培养开放包容的心态**：无论是在个人生活还是在群体互动中，都要努力培养开放包容的心态，尊重他人的不同观点和行为，不要轻易地认为自己的就是正确的和普遍的，鼓励多元化的思考和交流，以减少虚假普遍性效应的负面影响。

虚假普遍性效应是一个广泛存在且影响深远的认知偏差。理解这一效应的机制和影响有助于我们在日常生活中更准确地认知他人和自己，从而改善人际关系和社会互动。

 **饿老鼠效应**
——拒绝自我消耗,越自律越幸福

在心理学与生活的交织领域中,存在着诸多引人深思的现象,"饿老鼠效应"便是其中之一。它宛如一盏明灯,为我们在追寻幸福人生的道路上,照亮了那些容易被忽视的角落,指引我们避开自我消耗的陷阱,进而迈向更加美好的生活。

## (一)什么是饿老鼠效应

"饿老鼠效应"源于一项颇有意思的实验。研究人员将一群老鼠分为两组,分别放置在不同的环境中饲养。一组老鼠能够随时获取充足的食物,它们整日不愁吃喝,生活看似惬意无忧;而另一组老鼠则被给予相对有限的食物,时常处于一种适度饥饿的状态。

随着时间的推移,实验人员观察到了令人惊讶的结果。那些可以毫无节制地享受丰富食物的老鼠,虽然在初期看似过得十分滋润,但渐渐地,它们的身体机能开始出现各种问题,变得慵懒、反应迟钝,整体健康状况不断下滑,寿命也相对较短。反观那些时常处于适度饥饿状态的老鼠,它们为了获取食物,始终保持着积极的活跃度,身体更为健康灵活,精神状态也更佳,其平均寿命反而更长。

从这个实验延伸到人类生活层面,"饿老鼠效应"便被赋予了更深层次的寓意。它象征着一种适度节制、避免过度满足和过度消耗的生活理念,提醒着我们在面对生活中的各种"资源"(如物质、欲望、精力等)时,不能毫无节制地去索取与消耗,否则可能会陷入一种不良的循环,对我们的身心健康以及生活质量造成负面影响。

## (二)自我消耗的表现与危害

在现实生活中,自我消耗的现象屡见不鲜,且往往悄无声息地侵蚀着我们的幸福感。

◎ **物质层面的自我消耗**:如今,消费主义盛行,人们很容易陷入对物质的过度追求之中。不少人热衷于购买大量的商品,不管是衣服、电子产品还是各种新奇的小玩意儿,只要觉得心动,便不假思索地收入囊中。然而,这种无节制的物质消费往往带来的是堆积如山的杂物、日益增长的债务压力以及短暂满足后的空虚感。我们不停地追逐更多的物质,却在这个过程中逐渐迷失,忽视了内心真正的需求,让自己陷入了一种物质上的自我消耗循环,身心被过多的外在物品所累。

◎ **精力层面的自我消耗**:现代社会的快节奏和多任务模式,使得很多人常常同时处理多项事务,试图在有限的时间里完成尽可能多的工作、社交等活动。长时间的忙碌让我们的精力被不断分散,疲于奔命在各种琐事之间。比如，一边在工作中忙于应付各种会议、项目，一边又要在生活中操心家庭琐事、应酬各种人际关系。我们在这种忙碌中忽略了休息和调整，久而久之，精力逐渐枯竭，情绪变得烦躁不安，工作和生活的效率也大打折扣，陷入了精力上的自我消耗困境。

◎ **情绪层面的自我消耗**：情绪上的自我消耗同样不容忽视。很多人容易陷入负面情绪的漩涡，比如长期焦虑未来的不确定性、为过去的错误而悔恨自责、在人际交往中因他人的评价而患得患失等。这些负面情绪如同沉重的枷锁，紧紧束缚着我们的内心，消耗着我们的心理能量。我们不断地在内心进行自我拉扯、纠结，无法释怀，使得原本可以用于积极生活和感受幸福的精力，都被消耗在了这些无谓的情绪内耗之中。

## （三）饿老鼠效应如何助力拒绝自我消耗

"饿老鼠效应"为我们提供了一些行之有效的方法，帮助我们打破自我消耗的僵局，踏上通往幸福人生的康庄大道。

◎ **物质方面的适度节制**：学习"饿老鼠效应"，我们应当对物质需求保持一种适度节制的态度。在购物时，不再盲目跟风追求最新、最多的商品，而是认真思考这件物品是否真正是自己所需要的，是否会为生活带来实质性的提升。例如，在购买衣服前，先整理一下衣橱，看看是否已经有类似功能或款式的衣服，避免重复购买。通过这种方式，我们可以减少不必要的物质堆积，让生活环境更加简洁有序，同时也能减轻经济压力，将节省下来的资源用于更有意义的事情上，从而提升内心的满足感和幸福感。

◎ **精力管理的优化**：借鉴"饿老鼠效应"中适度饥饿激发活力的理念，我们要学会合理分配和管理自己的精力。避免让自己陷入无休止的忙碌之中，而是根据事情的重要性和紧急性进行排序，有选择地投入精力。比如，每天可以设定固定的时间段，专注处理重要的工作任务，避免被琐碎的消息和事务打断；在生活中，也不要给自己安排过于紧凑的社交活动，留出足够的时间进行休息和放松，让自己的精力能够得到及时的恢复和充电。通过这样的精力管理优化，我们能够保持良好的精神状态，提高做事的效率，更好地应对生活中的各种挑战，减少精力上的自我消耗。

◎ **情绪的自我调节与释怀**：在情绪管理方面，"饿老鼠效应"启示我们要避免陷入过度的情绪内耗。面对生活中的不如意和负面情绪，我们要学会正视它们，同时也要懂得适时放下。就像那些适度饥饿的老鼠一样，保持一种积极向前看的心态，不为已经发生的事情过度纠结和懊恼。例如，当我们在工作中犯了错误，不要一味地自责，而是分析原因，从中吸取教训，然后将注意力转移到如何改进和做好接下来的工作上。在人际交往中，也不要过分在意他人的负面评价，相信自己的价值，专注于自身的成长和与他人之间积极健康的互动。通过这样的情绪调节与释怀，我们能够摆脱情绪的枷锁，释放更多的心理能量用于感受生活中的美好,让自己的内心更加平静和幸福。

## (四)拥抱幸福人生

当我们深刻理解并运用"饿老鼠效应",有意识地拒绝自我消耗时,我们便在悄然间为自己打开了通往幸福人生的大门。

幸福并非来自无节制的物质享受、忙碌不停的生活节奏或是深陷负面情绪的挣扎,而是源于内心的平静、对生活的适度把控以及积极向上的精神状态。通过避免物质、精力和情绪上的自我消耗,我们能够更加专注地去发现生活中的小确幸,与身边的人建立深厚而真挚的关系,从事自己真正热爱的事业,让每一天都过得充实而有意义。

总之,"饿老鼠效应"犹如一位生活的智者,时刻提醒着我们在人生的道路上要保持适度的节制,拒绝自我消耗,以一种更为健康、积极的姿态去拥抱幸福人生。让我们将这一效应融入日常的生活点滴之中,用心去践行,去书写属于自己的幸福篇章。

## 45 鲇鱼效应

在人类心理与行为研究领域中，存在着一个引人入胜的概念——鲇鱼效应。这个效应揭示了在特定情境下，竞争与压力如何激发个体和群体的潜能。

### （一）什么是鲇鱼效应

鲇鱼效应起源于一个古老的故事：渔夫们在运输沙丁鱼时往往会放入几条鲇鱼。这是因为在运输过程中，沙丁鱼由于缺乏刺激和动力，容易变得懒散，最终窒息而死。然而，当把几条好动的鲇鱼与沙丁鱼放在一起时，鲇鱼的活跃行为会刺激沙丁鱼不断游动，从而保持活力，避免死亡。

这一现象逐渐被心理学家引申并用于解释在竞争或压力环境中，个体和群体如何被激发出潜能。具体来说，鲇鱼效应强调了在一种平稳无波的环境中，适度的竞争或外部刺激能够打破个体的安逸状态，激发其积极性并提升生产力。

### （二）历史背景与理论基础

尽管"鲇鱼效应"作为心理学术语进入公众视野较晚，但其核心思想早已在多种理论中得到体现。最早的相关研究可以追溯到19

世纪末社会心理学家诺曼·特里普利特（Norman Triplett）的研究发现。他发现，在自行车比赛中，运动员在有竞争对手的情况下会表现得更好，这一现象揭示了竞争对人类行为的积极影响。

随后，罗伯特·伊恩·耶克斯（Robert Yerkes）和约翰·多德森（John Dodson）提出了著名的"耶克斯–多德森法则"（Yerkes-Dodson Law），这一法则指出，中等程度的压力和兴奋水平最有利于学习和工作效率的提高，而过高或过低的压力反而不利。

这些理论为鲇鱼效应提供了坚实的科学基础，揭示了在适度刺激下，人们通常会展示出更高的积极性和创造力。

## （三）心理学机制详解

鲇鱼效应的发生基于几个关键的心理学机制。

- ◎ **动机增强**：竞争和挑战构成了一种外在动机，促使个体努力超越现有状态，追求更高的目标。适度的挑战能够激发个体内在的驱动力，使其投入更多的时间和精力来达成目标。
- ◎ **注意力集中**：当面临竞争或威胁时，人的注意力会自然地集中在当前任务上，从而提高专注度和工作效率。这种高度集中的状态被称为"心流"，是一种积极的心理状态。
- ◎ **学习与适应**：竞争环境中，个体需要不断调整自我，适应新的状况，这种适应过程能够促进个体学习和技能的提升。通过不断的反馈和改进，个体可以更快地成长。
- ◎ **社会比较**：心理学中的社会比较理论指出，人们往往通过与他人比较来评估自己的表现。当存在一个强有力的竞争对手时，这种比较能够促使个体追求卓越，以期获得更高的认可和自我价值感。

## （四）鲇鱼效应的实际应用与现实启示

鲇鱼效应不仅在组织和团队管理中具有重要意义，还在教育、体育和个人发展等多个领域展示其价值。

◎ **在企业管理中的应用**：在企业管理中，适度的竞争机制可以促进员工的积极性。例如，设置业绩目标和奖励机制或通过团队项目引入竞争，有助于提升整体生产力。然而，管理者应注意保持适度竞争，避免过度压力导致员工焦虑和倦怠。

◎ **在教育领域中的应用**：教育中，适当的竞争能激发学生的学习动力。例如，班级中设置学习小组竞赛或积分奖励制度，可以有效提升学生的参与度和积极性。同时教师应关注学生的心理健康，避免激烈的竞争给学生带来负面情绪。

◎ 对**个人发展的启示**：个人成长过程中，适度的自我挑战和设定高标准能够促使自身不断进步。例如，参加各类竞赛或考取专业资格认证，都是提升自我能力的有效途径。重要的是，个体应学会平衡压力和适应能力，找到最适合自己的成长节奏。

综上所述，鲇鱼效应作为一种心理学概念，揭示了竞争和压力在激发潜能与动力中的重要作用。然而，个体要找到合适的压力和平衡点，以确保激励而非压垮。因此，无论在职场、教育还是个人生活中，合理的竞争和挑战都是迈向成功的有力推动器。

## 46 最后通牒效应

在心理学研究中，拖延行为是一种普遍存在的现象，许多人有过在最后期限之前才匆忙完成任务的经历，这个现象在心理学上被称为最后通牒效应。"最后通牒效应"并不完全等同于总把事情拖到最后一天做这么简单，它有着更为复杂的内涵和多方面的特点及影响因素。

### （一）什么是最后通牒效应

最后通牒效应是指人们在面对一项任务时，往往会在最后期限临近时才会全力以赴地去完成，而在期限到来之前，会表现出拖延、磨蹭等行为，由德国经济学家沃纳·古斯（Werner Güth）等人于1982年设计实验提出，挑战传统经济学理性人假设。

### （二）表现形式

◎ **时间安排不合理**：很多人在接到任务后，并不会立刻着手去做，而是会给自己预留出看似充足的时间，但在这段时间里，他们可能会做一些与任务无关的事情，如刷手机、看电视、玩游戏等，直到最后期限临近，才意识到时间的紧迫性，开始匆忙赶工。

- ◎ **任务分解不及时**：对于一些复杂的任务，人们可能没有在前期对其进行合理的分解和规划，导致在任务推进过程中，感觉无从下手，进而产生拖延心理。例如，面对一篇论文写作任务，若不先确定大纲、收集资料等，而是一直纠结于整体的难度，就会不断拖延，直到最后期限才不得不开始写。
- ◎ **反复修改与完善**：在临近最后期限时，人们可能会陷入一种过度追求完美的状态，对已经完成的部分反复修改和完善，即使这些修改可能对整体结果影响不大，但还是会花费大量时间，从而导致任务在最后一刻才真正完成。

## （三）产生原因

- ◎ **心理预期偏差**：人们往往会高估自己在未来时间里的工作效率和自律能力，认为自己可以在更短的时间内完成任务，所以在前期就不会那么着急去做。
- ◎ **恐惧失败心理**：对于一些人来说，他们害怕自己在任务进行过程中出现错误或做得不够好，所以会通过拖延来逃避这种可能的失败。他们认为，如果不开始做，就不会有失败的结果，而到了最后期限，即使做得不好，也可以用时间不够等理由来为自己辩解。
- ◎ **缺乏内在动机**：当人们对一项任务缺乏内在的兴趣和动力时，就很难主动去投入精力完成它。比如，对于一些自己不喜欢但又必须完成的工作任务，就容易出现拖延行为，直到最后不得不做。

## （四）影响

◎ **对个人的影响**：可能导致个人在匆忙中完成任务，质量难以保证，影响个人的工作或学习成绩，长期的拖延还可能引发焦虑、自责等负面情绪，对心理健康造成损害。

◎ **对团队的影响**：在团队合作中，若个别成员出现"最后通牒效应"，可能会影响整个团队的进度和效率，甚至会导致团队错过一些重要的机会或无法按时完成项目，给团队带来损失。

## （五）应对策略

◎ **合理规划时间**：在接到任务后，根据任务的难度和重要性，制定详细的时间表，将任务分解成若干个小步骤并为每个步骤设定合理的时间节点，按照计划有条不紊地进行。

◎ **调整心态**：正确认识失败，明白失败是成长的一部分，不要因为害怕失败而拖延。同时，尝试培养对任务的兴趣，或者从任务中找到对自己有价值的点，增强内在动机。

◎ **建立监督机制**：可以找他人来监督自己，如告诉朋友或同事自己的任务计划，让他们在自己出现拖延时及时提醒。也可以通过一些时间管理软件等工具，对自己的行为进行记录和监督，及时发现并纠正拖延行为。

最后通牒效应是一个普遍存在的心理现象，对个人的学习、工作和生活都有重要影响。通过了解其成因和影响并采取有效的应对策略，我们可以逐步克服拖延行为，提高效率，减少心理压力。正视拖延，学会时间管理，是实现个人成长和成功的关键一步。

# 47 暗示效应

暗示效应与催眠和心理暗示有着紧密的联系，其中一位对暗示效应研究有重要贡献的心理学家是法国的神经学家和心理学家让-马丁·沙尔科（Jean-Martin Charcot）。沙尔科在19世纪末期对催眠现象进行了研究，他发现催眠状态下的个体对暗示特别敏感，这为后来暗示效应的研究奠定了基础。沙尔科的学生皮埃尔·让内（Pierre Janet），也对暗示和催眠进行了研究，进一步发展了这一领域。暗示效应揭示了外界信息如何在不知不觉中影响我们的思维、情感和行为。通过深入探索这一心理学现象，我们不仅能更好地理解人类行为的复杂性，还可以学会如何优化个人发展和社会互动。

## （一）什么是暗示效应

暗示效应又称暗示性影响，指的是在特定暗示的影响下，个体的心理或行为发生无意识的改变。这种效应可以通过语言、环境、情绪等多种途径产生，强调的是接受暗示者往往不自觉地受到影响。

## （二）暗示效应的心理基础

- **知觉的选择性**：个体在接收信息时，大脑会基于过往经验和当前情境选择性地关注某些信息而忽略其他信息。
- **预期的力量**：心理预期可以显著地影响个体的感知和行为。当一个人被暗示或预料到某种情况时，他的心理和生理机制可能会不自觉地准备应对这种预期的情况。
- **顺从性**：个体往往在无意识中顺从他人的暗示，尤其在权威的影响下更是如此。这种顺从性是社交互动中的一种常见现象。

## （三）暗示效应的类型

- **直接暗示**：如催眠中的命令式指示，例如"你感到非常放松"。
- **间接暗示**：更为微妙，如通过故事或比喻来间接引导听者的思维。
- **自我暗示**：个体对自己使用暗示，常见于自我激励和自我治疗情景。

## （四）暗示效应的应用

- **教育**：通过正面的鼓励和期望，教师可以激发学生更好地表现。

◎ **心理治疗**：治疗师常用暗示帮助病人建立正面的心态。
◎ **商业交流**：在营销和广告中，巧妙的暗示可以影响消费者的购买决策。

## （五）深化理解与成长的途径

尽管暗示效应在日常生活中无处不在，真正理解并运用这一现象还需要细致的观察和实践。通过提高对暗示信息的敏感性，我们可以更好地控制其对我们行为的影响，同时也能更有效地利用这种力量来促进个人和他人的积极发展。在这个信息爆炸的时代，学会筛选和利用暗示，就是掌握了一种不可小觑的生活与工作技能。

## 48 青蛙效应
——温水煮青蛙,要防微杜渐

生活中,我们往往容易忽略那些慢慢发生的变化,直到这些变化积累到一定程度,突然爆发出无法忽视的后果。在心理学领域,有一个类比现象被称为"青蛙效应"(又可称为"温水煮青蛙"现象),它警示我们要防微杜渐,警惕那些在日常生活中不显眼的小变化可能引起的重大影响。

### (一)青蛙效应的起源和含义

青蛙效应源于一个经典的比喻故事:如果你将一只青蛙直接放入沸水中,青蛙会立刻跳出来避免受伤。但如果你将青蛙放在冷水中,然后缓缓地加热,青蛙会因为逐渐适应升高的水温而察觉不到危险,最终被烫死。尽管这个故事在科学准确性上存有争议,但它形象地说明了一个心理学现象:个体在面对逐步发生的变化时,往往难以察觉到这些变化最终可能导致的后果。

### (二)心理学视角下的青蛙效应

从心理学的角度来看,"青蛙效应"反映了人类认知的局限性，尤其是在感知变化方面。这一效应涉及两个关键心理学概念：适应性和感知阈值。

- **适应性**：人类具有适应环境变化的能力。在逐渐变化的环境中，我们往往能够调整自身，以维持心理和生理的平衡。然而，这种适应性也意味着我们可能会对持续但微小的变化变得不敏感。
- **感知阈值**：指能够察觉到某一刺激存在的最低强度。在青蛙效应中，由于变化是缓慢且连续的，导致个体无法察觉到超出其感知阈值的变化，从而忽视了变化累积起来的潜在风险。

## （三）青蛙效应在生活中的体现

- **人际关系**：忽视伴侣或朋友的小情绪变化，可能会引起关系的逐步恶化，最终导致难以修复的裂痕。
- **工作压力**：长期的、递增的工作压力和不良的工作习惯初看不起眼，但最终可能累积成严重的心理问题，如职业倦怠或抑郁症。
- **健康习惯**：饮食不健康，缺乏运动，可能一开始体重和健康指标的变化不明显，但久而久之，会引起严重的健康问题。

## （四）防止青蛙效应的策略

- **提高自我感知能力**：定期检视自己在情感、健康、工作等方面的状态和变化，保持对细微变化的敏感度。
- ◎ **设立早期警告系统**：在可能的领域内，设立指标或提醒，帮助及时察觉到问题的出现。
- ◎ **培养适应性思维**：学习在变化发生时能够快速调整和应对的思维技巧，避免被逐步的变化所困。
- ◎ **外界反馈**：保持开放的沟通渠道，听取他人对你的看法和反馈，特别是那些能够从外部角度观察到你变化的人。

青蛙效应提醒我们，生活中不显眼的微小变化可能潜藏着巨大的风险。通过提高自我感知，设立监测机制以及培养适应性思维，我们可以更好地识别和应对这些变化，进而防止小事情引发大问题。在这个快速变化的世界中，保持对细微变化的敏感性，是我们应对未来挑战的关键。

## 49 口红效应
—— 越是经济困难越是高调生活

在理解社会经济动态时,我们会发现一个令人惊讶的现象:即使在经济不景气的时期,某些类型的奢侈品销量依然保持坚挺,甚至有所增长,这种现象被称为"口红效应"。口红效应源自20世纪初的经济萧条时期,经济学家发现尽管总体经济状况不佳,口红等小奢侈品的销售却异常火爆。这一现象背后的心理机制复杂而深刻,探究其背后的心理学原理,不仅有助于理解消费者行为,还能洞见人们在经济压力下的心理防御机制。

### 口红效应的心理学解释

◎ **自我安慰与愉悦感提升**:在经济困难时期,人们可能会感到焦虑和不安,购买一些小奢侈品,如口红,可以作为一种自我安慰的手段,暂时逃避现实的困境,带来即时的快乐和满足感。心理学家认为这种消费行为可以看做是一种"情绪调节策略",帮助人们在心理上对抗负面情绪。

◎ **社会身份与自我展示**:在面对经济挑战的时候,人们可能会感受到社会地位的威胁,通过购买并展示奢侈品,如名牌服装或配饰,能在社交环境中维持或提升其社会身份。这种行为在心理学上被解释为一种"自我表现"的需求,通过外在的物质标识来构建或维护自我价值感。
- ◎ **逆境下的反叛**：心理学家还观察到，逆境可以激发人的反叛心理。当经济环境压迫感增强，规范和传统的消费观念可能会受到挑战，人们通过高调的消费行为来表达对现状的不满，或试图通过控制消费选择来重获生活的掌控感。

## 案例

艾米丽是一名普通的办公室职员，最近她所在的公司因为经济下滑开始裁员，整个行业的前景都显得黯淡。在这种背景下，艾米丽和她的同事普遍感受到了压力。

某天，艾米丽在午休时走进了一家高端化妆品店，她本来只是想随便看看，但最终购买了一支昂贵的限量版口红。尽管她清楚这笔开销对她的经济状况是一种负担，但那一刻的心理满足感让她觉得一切都值得。这支口红不仅为艾米丽带来了短暂的快乐，她在使用它的时候，也能感到自己不仅仅是一名面临职业不稳定的普通职员，也是一名充满魅力和价值的女性。

口红效应不仅仅是一种经济现象，它也深深根植于人们的心理状态和社会文化背景之中。通过理解这一效应的心理学基础，我们可以更好地认识到，在面对经济困境时，人们选择高调生活方式背后的深层心理需求。这种理解有助于我们在未来的经济决策中更加注重心理和情感因素的影响，以及如何通过积极的方式应对生活中的不确定性和压力。

# 50 镜像效应

在人际交往的细节中,有一种神秘而强大的力量影响着我们的思想、情感乃至行为,这种力量的影响被心理学家称为"镜像效应",镜像效应源自阿尔伯特·班杜拉的社会学习理论(1977),后被神经科学发现镜像神经元机制(20世纪90年代)。它不仅是社会心理学研究的重要主题之一,也是理解人类行为模式和促进人际和谐的关键。

## (一)什么是镜像效应

简单来说,镜像效应是指个体在无意识的情况下模仿他人的行为、态度、情感和言语等。这种现象如同面镜般,让我们的行为在别人身上找到了反射。它体现在日常生活的方方面面,从模仿他人的肢体语言到共鸣他人的情绪,再到采纳群体中流行的观念。

## (二)心理学背景

心理学家认为,镜像效应源于人类的社会本性和生存机制。人类作为社会动物,需要与他人沟通,建立联系,以此确保生存和发展。镜像效应就是这种需要的自然体现,它有助于个体融入群体，促进人际交往的和谐。

## （三）神经科学的视角

近年来，随着神经科学的发展，科学家发现了所谓的"镜像神经元"，这类神经元在观察他人行为时被激活，仿佛个体自己在执行相同的行为。这一发现为解释镜像效应提供了生物学基础，证实了人类天生具有模仿他人行为的神经机制。

## （四）镜像效应的作用

- ◎ **增强人际亲近感**：通过模仿他人的行为和情感，个体可以表达出"我理解你"的信息，从而增强彼此的亲近感和信任度。这种无声的沟通方式，是建立和维护人际关系的有效途径。
- ◎ **促进社会融合**：在团体中，镜像效应可以促进成员之间的一致性，帮助新成员快速融入集体。它通过共同的言行举止建立起群体认同感，强化社会凝聚力。
- ◎ **影响情绪与态度**：情绪的传染往往通过镜像效应实现。当我们与情绪高昂或低落的人相处时，很容易受到影响，无意中调整自己的情绪状态以匹配对方。此外，通过模仿，我们也可能在潜意识中接受并采纳他人的态度和价值观。

### 案例

新员工杰克初次加入一支工作团队。最初,由于不熟悉团队文化和工作氛围,他显得格格不入。然而,随着时间的推移,杰克开始无意识地模仿同事们的行为举止,比如工作时的专注态度,休息时轻松的谈话风格,甚至是午餐选择。几周后,杰克发现,他已经和团队成员建立了良好的关系,工作也变得更加顺手。

在这个案例中,镜像效应起到了至关重要的作用。杰克通过模仿同事的行为,不仅加速了自己与团队的融合过程,也加深了与同事的情感联系。这背后的无意识模仿行为,是他适应新环境和建立人际关系的重要途径。

---

镜像效应揭示了人类行为背后的深层心理机制。它不仅有助于我们理解自我与他人的关系,还为优化人际交往提供了实用策略。通过适当运用镜像效应,我们可以更好地与他人沟通,构建更和谐的社会关系。在这镜中世界里,每个人都是彼此的镜子,反射出最真实的人性光辉。

# 51 白熊效应

——越想忘记的事,越是忘不掉

白熊效应,也被称为"反向心理效应",是指人们在努力避免某些思想、图像或感觉时,这些内容反而更加频繁地出现在心头的现象。这个名字来源于陀思妥耶夫斯基在他的作品《冬夜的奇谈》中提出的一个命题:尝试不去想一只白熊,你会发现自己无法做到。这个看似简单的反省启示了心理学家对于人类意识和压抑机制的深入研究。

## (一)白熊效应的心理学解释

心理学家丹尼尔·韦格纳(Daniel Wegner)是研究白熊效应的先驱之一。韦格纳提出,当个体试图压抑某种思想或感觉时,他们会在两个层面上进行心理活动:一是有意识地避免思考那个特定的内容;二是无意识地监控自己的意识流,以确保被排除的内容不会偷偷溜进意识中。

然而,这种双重心理过程本身就是矛盾的。监控过程不可避免地让个体在无意识层面上对那些要避免的思想保持敏感,从而导致那些内容更容易浮现。换言之,正是因为我们试图不去思考它们,才会不断地想起它们。

## （二）白熊效应的实例

白熊效应广泛存在于我们的日常生活中。如在考试前，考生会告诉自己不要紧张，但越是试图避免紧张，反而可能越紧张。在情感上，个体在经历分手后常常会努力不去想前任，但结果往往是前任的影子愈发频繁地出现在脑海中。

## （三）应对白熊效应的策略

鉴于白熊效应的存在，我们如何有效地管理我们的思维？尤其是在需要摆脱某些负面思维或不健康回忆时。以下是一些应对策略。

- ◎ **接纳而非排斥**：接受这些思维的存在，而不是试图压制或避免它们。心理接纳可以减少对这些思维的抵抗感，从而降低它们的出现频率和影响力。
- ◎ **转移注意力**：强行尝试不去想某件事不如投身于另一项活动或思考一个不相关的主题，自然地将注意力引开。
- ◎ **冥想和放松**：练习冥想和放松技巧，如深呼吸、正念冥想等，可以帮助我们更好地管理自己的思维和情绪。
- ◎ **心理咨询**：当白熊效应导致的心理负担过重时，寻求专业的心理咨询服务可以帮助处理根深蒂固的思维模式。

总的来说，白熊效应揭示了人类心理在处理不欲之思时的复杂性，提示我们在面对难以驱散的思想和情绪时，采取更为理性和宽容的态度。通过应用适当的策略，我们可以更有效地管理自己的心理状态，从而促进个人的心理健康。

## 52 焦点效应
——别人没有想象的那么在意你

在日常生活中，我们经常会过分担心他人对我们的评价和看法，以至于在某些情况下，这种担心达到了令人焦虑的程度。这种现象在心理学中被称为"焦点效应"，由康奈尔大学心理系教授托马斯·季洛维奇（Thomas Gilovich）在2000年通过实验证实：人们高估他人对自己关注的认知偏差。研究指出，人们往往会高估他人对自己行为的注意力和评价。换句话说，我们常常认为自己是别人注意力的中心，而实际上，大多数人并没有那么多精力去关注他人。

### （一）焦点效应的心理基础

从进化心理学的角度来看，人类作为社会动物，其生存和繁衍成功在很大程度上依赖于在社群中的地位和关系。因此，我们的大脑进化出了对社会信息高度敏感的特征，总是在不自觉中寻找可能影响自己社会地位的线索。这种机制在现代社会中变成了过度关注他人对自己的评价。

然而，这种对社会评价的高度敏感导致了一个认知偏差——焦点效应。因为我们太过关注自己在社会互动中的表现，以至于高估了他人对这些表现的关注度。心理学研究显示，当人们觉得自己在公众场合出丑或犯错时，他们往往认为周围人会比实际上更多地注意到这些状况。

## （二）产生原因

◎ **自我意识过强**：人类具有很强的自我意识，总是习惯于从自身角度出发去看待周围的一切。我们对自己的行为、外貌、表现等各方面都有着高度的关注，所以就容易想当然地认为别人也会同样密切地关注着我们，从而放大了自己在他人眼中的重要性。

◎ **心理投射作用**：人们往往会将自己对某件事的关注和在意程度，投射到别人身上，觉得别人也会像自己一样看重这些。例如，自己对某次演讲中的一个小失误耿耿于怀，就会觉得台下的观众肯定也都记住了这个失误，并且在心里对自己有不好的评价，却忽略了观众可能有着更广泛的关注点，并不会一直聚焦在这个小失误上。

◎ **社交形象维护需求**：每个人都希望在他人面前塑造一个良好的社交形象，这种心理需求使得我们对可能影响形象的细节格外敏感，进而高估了他人对这些细节的关注度。因为担心形象受损，所以才会时刻觉得自己处于他人目光的焦点之下，害怕出现一点差错被别人看在眼里、记在心里。

## （三）影响

◎ **对个人心理的影响**：焦点效应常常会引发个体的焦虑、紧张、不自信等负面情绪。长期处于这种状态下，会让人变得畏首畏尾，不敢大胆地去尝试新事物、参与社交活动，影响个人的正常生活和心理状态。比如，有人因为害怕在聚会上说错话被别人笑话，就总是推脱参加聚会，渐渐地社交圈子也变得越来越窄。

◎ **对社交行为的影响**：在社交互动中，受焦点效应影响的人可能会表现得过于拘谨、刻意，总是在担心自己的言行举止是否得体，而无法全身心地投入交流当中，导致社交质量不高，难以与他人建立起深入、自然的关系。例如，在与新朋友聊天时，过于在意自己说话的内容和方式，反而显得生硬、不自在，影响彼此之间进一步的了解和友谊的发展。

## （四）如何克服焦点效应

◎ **认知调整**：要认识到焦点效应的存在，明白他人并没有像自己想象中那样时刻关注着自己，大多数人更在意自己的事情。通过这种认知上的转变，来缓解自己过度在意他人评价的心理压力。比如，当再出现觉得自己出糗的情况时，提醒自己别人可能很快就忘了，没必要一直纠结。

◎ **注意力转移**：尝试将注意力更多地放在他人身上或者当

下正在做的事情上。在社交场合，多去倾听别人的话语、关注别人的需求，这样不仅能减少对自己的过度关注，还能让交流更加顺畅、自然。例如，参加活动时，主动和别人聊感兴趣的话题，全身心投入对话，就不会总想着自己是不是被别人关注着了。

◎ **自我接纳与自信培养**：学会接纳自己的不完美，每个人都会有出糗或者表现不佳的时候，这是很正常的。同时，通过不断提升自己的能力、发掘自身的优点，增强自信心，这样即使别人真的关注到自己，也能坦然面对，相信自己的表现是可以被接受的。比如，通过学习新技能、锻炼身体等方式提升自己，让自己从内心认可自己的价值。

通过了解焦点效应，并采取相应的策略来减少它的影响，我们可以在社交场合更加自信，更少焦虑，从而提高生活的整体质量。

##  瀑布心理效应
——说者无心,听者有意

瀑布心理效应是一个引人入胜的现象,由经济学家萨勒·比克钱达尼(Sushil Bikhchandani)等人在1992年提出,旨在解释在人际交往中说者一个无心的评论或行动有时会引起听者深刻的情绪反应或持久的认知影响。这种效应强调了沟通中的意图和感知间的巨大鸿沟,以及我们如何理解和处理他人言行的复杂性。

### (一)什么是瀑布心理效应

它指的是信息发出者的心理比较平静,但传出的信息被对方接收后却引起了对方心理的巨大波动,就像瀑布一样,上面平静,下面却水花飞溅、波涛汹涌。这是由于信息接收者的个体差异、当时的情绪状态、过往的经历等多种因素,使得其对信息的理解和感受与信息发出者的本意产生了很大的偏差。比如,在一个聚会上,有人对一位女士说"你今天穿得很特别啊",本意可能是想夸赞她的穿着有个性,但这位女士可能会因为对自己的穿着不够自信,或者之前有过被人嘲笑穿着的经历,而认为对方是在委婉地说自己穿得不好看,进而感到难过或尴尬。

## （二）瀑布心理效应的心理影响

◎ **情绪反应**：人们对信息的情绪反应往往受到他们个人情绪状态、经验和预期的影响。而一个无心的评论，极有可能在不经意间触碰到听者内心深处关乎个人不安、恐惧或者过去创伤的敏感区域，从而引发强烈的情绪波动。这种触动和心理学中积极的情感共鸣现象有相似之处，都是基于个体内心的某些感触点被激活，但遗憾的是，在瀑布心理效应里，这样的触动更多时候带来的是负面的情绪结果，像伤心、愤怒、自卑等，进而影响到彼此之间的人际关系和交流氛围。

◎ **认知偏见**：个体所具有的认知偏见在瀑布心理效应里也有着不可小觑的影响力，其中确认偏误表现得尤为突出。确认偏误使得人们在接收信息时，会下意识地去搜寻、解读以及牢记那些和自己现有信念相符的内容。比如，一个人始终觉得自己在社交方面能力欠佳，内心认定别人都不太喜欢自己。那么，当听到别人说"今天聚会人挺多的呀"，他可能就会将其解读为别人是在暗示自己在人多的场合会表现不好，是对自己社交能力差这一负面自我观念的一种印证，而全然忽略了这句话可能只是单纯在描述聚会的客观情况。

即便他人的评论是无心之举，可在这种认知偏见的作用下，这些评论往往会被按照符合其既有负面观念的方向去理解，进而强化了个体内心原本的消极认知，使得瀑布心理效应越发明显，更加剧了因信息传递而产生的误解和情绪上的不良影响，给良好的人际交往设置了重重障碍。

## （三）瀑布心理效应的应对策略

◎ **觉察自身情绪与言行**：时刻留意自己当下的情绪状态，清楚意识到自己在不同情绪下可能会有怎样的言行表现。比如，当自己处于烦躁情绪中时，说话可能会比较冲，那就要有意识地控制语速、语调以及措辞，避免因一时情绪上头而说出伤人的话。同时，也要对自己平时无意识的习惯动作、口头禅等有所察觉，因为这些看似不起眼的细节，都有可能成为引发瀑布心理效应的"导火索"。

◎ **了解个人认知模式与偏见**：每个人都有自己独特的认知模式，而其中往往潜藏着一些认知偏见，这些偏见会影响我们对他人话语的理解和反馈。我们需要通过不断地反思与内省，去发现自己容易存在哪些认知偏见，像前文提到的确认偏误等，进而在与人交往时，能够有意识地纠正这些可能造成误解的思维习惯，以更加客观、理性的视角去理解他人传达的信息。

◎ **精准表达意图**：在交流过程中，要尽可能清晰、准确地表达自己的想法和意图，避免模棱两可或者容易让人产生歧义的表述。比如，想要夸赞对方的穿着，不要只是简单说一句"你今天穿得挺特别的"，可以更具体地表达"你今天这身搭配很有创意，颜色搭配特别亮眼，真好看",这样明确的夸赞能让对方准确接收到你的善意,减少误解的可能性。

◎ **积极倾听与反馈**:给予对方充分表达的机会,认真倾听对方说话,不仅听话语表面的内容,更要去理解话语背后的情绪和需求。在倾听过程中,可以适时地通过点头、眼神交流等方式给予回应,等对方说完后,再用自己的话简要复述一下对方的观点,确认自己的理解是否正确,让对方感受到被尊重和理解,从而营造良好的沟通氛围。

◎ **寻求专业心理干预**:当发现自己在人际交往中总是频繁陷入因瀑布心理效应而产生的矛盾或困扰时,寻求专业心理咨询师的帮助是个明智的选择。咨询师可以通过专业的方法和技巧,帮助我们深入挖掘那些隐藏在内心深处、影响我们情绪反应和沟通模式的心理根源,比如童年时期的某些经历、长期形成的心理防御机制等。

瀑布心理效应的确犹如一面镜子,清晰地映照出人际交往中那复杂且微妙的情感与认知变化状况。在日常的交流互动里,哪怕是说者看似微不足道、不经意间流露的言行,都极有可能在听者心中掀起轩然大波,进而产生意义深远的影响。

不过,好在我们并非对此束手无策,而是可以通过多种途径来更好地应对这一现象,跨越交流中可能出现的障碍,进而去营造更为健康、充满同理心的人际关系。

## 54 穿针效应

在心理学领域，存在着一个颇具启发性的概念——穿针效应。这一术语源于日常生活中的一个简单动作：引线穿针。就如同细小的线头须要通过针孔，这个动作虽小，却需要极高的集中力和精准度，在心理学领域也具有独特的内涵和价值。

### （一）概念内涵

◎ **注意力的高度聚焦**：穿针时，人们需要将全部注意力集中在小小的针孔和细细的线头上，排除外界干扰，达到一种心无旁骛的状态。在心理学中，这代表着个体在处理复杂任务或应对重要目标时，能够将注意力高度集中于关键要素和环节，不被无关信息所干扰，从而提高工作效率和质量。

◎ **心理状态的精细调整**：穿针不仅需要集中注意力，还需要根据线与针孔的相对位置、角度等因素，不断精细调整手部动作和心理状态，以确保线能顺利穿过针孔。这在心理学上意味着个体要具备根据实际情况灵活调整自己的思维、情绪和行为的能力，以适应不断变化的环境和任务要求。

## （二）实际应用

◎ **学习领域**：学生在备考、解难题或学习新知识时，需要运用穿针效应。比如在解一道复杂的数学题时，要集中精力分析题目条件，排除周围的干扰因素，如噪音、他人的干扰等，同时根据解题思路的进展不断调整思考方向，灵活运用所学知识，才能找到解题的有效途径。

◎ **工作场景**：职场人士在完成重要项目、撰写报告或进行商务谈判时，也离不开穿针效应。以项目策划为例，策划人员需要专注于项目目标、客户需求、资源配置等关键要素，集中精力进行方案设计，同时根据市场变化、客户反馈等不断调整和完善策划方案，确保项目顺利推进。

◎ **运动竞技**：运动员在比赛中更是需要穿针效应的支持。例如射击运动员，在射击瞬间需要高度集中注意力，排除赛场内外的各种干扰，将全部精力聚焦于准星和目标上，并且根据风向、心跳、呼吸等因素细微调整射击动作和心理状态，以提高射击的准确性和稳定性。

## （三）影响因素

◎ **个体的专注力水平**：有些人天生专注力较强，能够更容易地进入并保持高度集中的状态，而对于一些专注力较差的人来说，可能需要通过后天的训练来提高。专注力水平受多种因素影响，如遗传、大脑发育、生活习惯等。

◎ **心理韧性和情绪稳定性**：心理韧性强、情绪稳定的人在面对复杂情境和压力时，更能够保持冷静，灵活调整自己的心理状态，从而更好地发挥穿针效应。相反，情绪容易波动、心理承受能力较弱的人可能会在压力下出现注意力分散、心理调整困难等问题。

◎ **环境因素**：外界环境的干扰程度对穿针效应的发挥也有重要影响。一个安静、整洁、有序的环境有利于个体集中注意力和进行心理调整，而嘈杂、混乱的环境则可能导致注意力分散，增加运用穿针效应的难度。

## （四）培养方法

◎ **注意力训练**：通过一些专门的注意力训练方法，如冥想、专注力练习游戏等，可以提高个体的注意力集中程度和持续时间。例如，每天进行15分钟的冥想练习，专注于呼吸或一个特定的意象，排除杂念，有助于锻炼大脑的专注力。

◎ **心理调适训练**：学习一些心理调适的技巧和方法，如情绪管理、认知重构等，帮助个体在面对压力和变化时更好地调整自己的心理状态。比如，当遇到困难或挫折时，通过积极的自我对话，改变对问题的认知方式，从而保持积极的心态和灵活的思维。

◎ **创造有利环境**：个体可以主动创造有利于集中注意力和

心理调整的环境，减少外界干扰。例如，在学习或工作时，选择一个安静的空间，关闭手机、电视等可能会干扰自己的设备，整理好桌面，使自己能够专注于任务。

穿针效应作为一个心理学概念，不仅丰富了我们对人类心理活动的认知，也为实现个人潜能的开发提供了重要的理论支持。通过了解和应用穿针效应，我们或许可以更加高效地实现自我管理和目标达成，进而在复杂多变的现代社会中找到自己的定位和发展方向。

## 55 酝酿效应

——当我们遇到无法解决的问题时，该怎么办？让它来帮忙

你有没有过这样的经历？绞尽脑汁想解决一个问题，却越想越乱，结果暂时放下后，灵感却突然冒了出来？这可不是巧合，而是心理学中一个神奇的现象——酝酿效应。

### （一）什么是酝酿效应

酝酿效应是指当我们反复思考一个问题却毫无进展时，暂时将问题搁置一段时间，反而会因为某种"机遇"突然找到解决办法的现象。简单来说，就是"暂时放下，反而成了"。

这个现象最早由心理学家格雷厄姆·华莱士（Graham Wallas）在1926年提出。他认为，创造性的问题解决过程分为四个阶段：准备期、酝酿期、启发期和验证期。其中，酝酿期就是让大脑在无意识中继续工作的关键阶段。

### （二）为什么"放一放"反而更有效

◎ 无意识加工：当我们暂时放下问题时，大脑并没有停止

工作，而是进入了"后台处理"模式。无意识思维会继续整合信息，甚至跳出常规思维框架，找到新的解决方案。

◎ **认知资源重置**：长时间集中思考会消耗大量认知资源，导致思维僵化。暂时放下问题，可以让大脑"重启"，恢复灵活性。

◎ **情绪调节**：反复思考无果往往会带来焦虑和挫败感，而暂时放下问题可以缓解情绪压力，让思维更加清晰。

### 案例

小李是一名广告策划师，最近接到了一个棘手的项目：为一家老字号茶叶品牌设计全新的广告语。他苦思冥想了好几天，却始终找不到满意的创意。眼看截止日期临近，他决定暂时放下工作，去附近的公园散步。

就在他漫步时，看到一位老爷爷在树下悠闲地品茶，旁边的小孙子好奇地问："爷爷，为什么这茶这么香？"老爷爷笑着回答："因为这是时间的味道。"这句话瞬间触动了小李，他灵光一闪，想到了广告语："时间的味道，沉淀的芬芳。"这句广告语不仅打动了客户，还让品牌销量大幅提升。

小李的经历正是酝酿效应的完美体现。他暂时放下问题，反而在放松的状态下找到了灵感。

## （三）如何利用酝酿效应解决实际问题

◎ **设定明确的思考目标**：在放下问题之前，先明确你要解决的核心问题。这样，你的无意识思维才能更有针对性地工作。

◎ **选择合适的"放下"方式**：可以是散步、听音乐、做家务，甚至是睡觉，关键是让自己进入一种放松的状态。

◎ **抓住灵感的瞬间**：灵感往往稍纵即逝，随身携带笔记本或手机，随时记录下突然冒出的想法。

有时候，"用力过猛"反而会适得其反。学会暂时放下问题，让大脑在无意识中工作，往往会带来意想不到的收获。正如一句话所说："有时候，答案不在苦苦追寻中，而在你放下的那一刻。"

# 56 黑羊效应

黑羊效应是一种在群体中广泛存在且影响深远的心理学现象，由西班牙心理学家马西莫·萨利（Marisa Salido）在1995年通过群体实验验证内部成员比外部更易受到严厉评判。

## （一）什么是黑羊效应

黑羊效应是指在一个群体中，个体因与群体的某些特征不符或被视为"异类"而遭受其他成员的排斥、攻击或歧视的现象。就像在一群白羊中，突然出现的一只黑羊会格外显眼并成为被针对的对象。

该效应反映了群体在形成过程中，为了维护内部的一致性、凝聚力和认同感，往往会对那些与群体规范、价值观或行为模式不同的个体产生负面反应，即使这些差异可能是微不足道的或根本不涉及道德问题。

## （二）黑羊效应的心理机制

◎ **从众心理**：群体中的大多数成员为了获得群体的认可和接纳，会倾向于遵循群体的主流意见和行为方式，对那些与群体不同的个体进行排斥，以显示自己对群体的忠诚和归属。例如，在一个班级中，如果大多数同学喜欢某种特定风格的音乐，而有一名同学喜欢另一种小众音乐，那么这名同学可能就会被其他同学视为"异类"而受到孤立。

◎ **刻板印象**：人们往往会根据个体所属的群体特征或某些表面特征对其进行分类和评价，而忽略了个体的独特性。当某个个体不符合群体所期望的刻板印象时，就容易成为被攻击的目标。比如，在一些职场中，存在着对某些专业出身的员工的刻板印象，如果有员工不符合这种刻板印象，就可能在工作中受到不公平的对待。

◎ **群体压力**：群体为了保持自身的稳定性和一致性，会对成员施加压力，要求其遵守群体的规范和标准。那些无法或不愿意顺从的个体就会成为群体压力的承受者，被视为"黑羊"。例如，在一个团队中，如果大家都习惯于加班完成工作，而有一名员工坚持按时下班，就可能会受到其他成员的指责和排斥。

## （三）黑羊效应的发展阶段

◎ **初期**：**被排挤的个体出现**。在一个群体中，某个成员由于其独特的行为、性格、外貌或其他特征而被其他成员注意到，并逐渐与群体中的大多数人产生差异感。这种差异可能是真实存在的，也可能是被其他成员主观夸大或误解的。

◎ **中期**：**群体对个体的攻击加剧**。随着差异感的增强，群体中的其他成员开始对这个"异类"成员进行言语上的嘲讽、批评、孤立，甚至在行为上进行排斥、欺负或打压。此时，被视为"黑羊"的个体往往会感到困惑、委屈和无助，不明白为什么自己会受到这样的对待。

◎ **后期**：对个体和群体的负面影响。如果黑羊效应持续发展，被攻击的个体可能会出现心理创伤，如自卑、抑郁、焦虑等情绪问题，甚至可能影响到其正常的生活、学习和工作。同时，对于群体而言，这种现象也会破坏群体的和谐氛围，降低群体的凝聚力和效率，导致群体内部的信任危机和人际关系紧张。

## （四）黑羊效应的应对策略

◎ **对于个体**：如果发现自己成了"黑羊"，首先要保持冷静和理智，不要被他人的负面评价所左右，坚信自己的价值和独特性。同时，可以尝试与群体中的其他成员进行沟通，解释自己的行为和想法，争取理解和接纳。若沟通无果，也可以考虑寻求外部支持，如朋友、家人或专业心理咨询师的帮助。

◎ **对于群体**：群体成员应该增强自我意识，认识到黑羊效应的存在及其危害，努力营造一个包容、多元和开放的群体氛围。当发现有成员被排斥时，应及时站出来制止这种行为，倡导尊重个体差异，鼓励大家相互理解和支持。此外，群体领导者也应发挥积极作用，通过制定明确的群体规则和价值观，引导群体成员树立正确的观念，避免黑羊效应的发生。

黑羊效应在我们的生活中无处不在，了解这一现象及其背后的心理机制，有助于我们更好地认识自己和他人，在群体中建立健康、和谐的人际关系，避免成为或制造"黑羊"，从而促进个人和群体的共同发展。

# 57 阿伦森效应

在心理学领域中，阿伦森效应揭示了一种个人自我感知与他人评价之间复杂关系的现象。由心理学家埃利奥特·阿伦森首次提出，这一效应对于我们如何在社交环境中构建自我形象有着深远的影响。

## （一）什么是阿伦森效应

阿伦森效应是指人们最喜欢那些对自己的喜欢、奖励、赞扬不断增加的人或物，而不喜欢那些对自己的喜欢、奖励、赞扬不断减少的人或物。该效应揭示了人类在社会交往和认知过程中的一种心理倾向，即我们对他人或事物的态度和情感反应，不仅取决于其实际的品质或价值，还受到我们所感受到的对方对我们的评价和态度变化的影响。

## （二）实验依据

阿伦森曾进行过这样一项实验：将被试者分为四组，让他们对某个人进行评价。第一组始终给予褒扬；第二组始终给予贬损；第三组先褒扬后贬损；第四组先贬损后褒扬。结果发现，第四组对这个人的喜爱程度最高，而第三组对这个人的喜爱程度最低。这项实验表明，人们对他人评价的变化非常敏感，并且更倾向于接受那些评价逐渐向好的人，而对评价逐渐变差的人则产生反感。

## （三）产生原因

- **自我认知与社会比较**：人类具有通过与他人比较来形成自我认知的倾向。当他人对我们的评价不断提高时，我们会觉得自己在他人眼中的价值在提升，从而增强了自我认同感和自尊心；反之，当评价降低时，我们会感到自我价值受到威胁，进而产生负面情绪和抵触心理。
- **期望与心理落差**：人们往往对他人的评价有一定的期望，当评价符合或超出期望时，会感到满意和愉悦；而当评价低于期望时，就会产生心理落差，导致失望和不满。阿伦森效应中的评价变化会引起这种期望的波动，从而影响我们对他人的态度。

## （四）实际影响

- **在人际关系中的体现**：在日常社交中，阿伦森效应随处可见。例如，新员工入职时，如果领导一开始对其要求严格，批评较多，但随着员工的进步逐渐给予更多的肯定和赞扬，员工会对领导产生更强烈的好感和信任；反之，如果领导一开始过度夸奖，之后却不断挑剔，员工可能会对领导产生反感和抵触情绪。

◎ **在教育领域的应用**：教师对学生的评价方式也会受到阿伦森效应的影响。如果教师能根据学生的学习进展，适时地给予更多的鼓励和表扬，学生的学习积极性和自信心会不断提高；而如果教师对学生的评价忽高忽低，或者总是批评多于表扬，可能会打击学生的学习动力和自尊心。

◎ **在市场营销中的作用**：商家在进行产品推广和客户关系维护时，也可以利用阿伦森效应。例如，通过逐步推出更优质的产品版本或服务升级，并伴随积极的宣传和客户反馈，让消费者感受到产品或服务在不断提升价值，从而增加消费者对品牌的忠诚度和好感度。

## （五）应对策略

◎ **自我觉察与情绪管理**：了解阿伦森效应后，我们在面对他人评价的变化时，要保持自我觉察，意识到自己的情绪反应可能受到这一效应的影响。学会理性分析评价的内容和变化原因，避免过度受情绪左右而做出不恰当的反应。

◎ **注重评价的一致性和客观性**：在给予他人评价时，我们应尽量保持评价的一致性和客观性，避免因个人情绪、偏见或其他因素导致评价的大幅波动。同时，也要注意表达方式，尽量以积极、鼓励的方式传递评价信息，促进良好人际关系的建立。

◎ **积极调整心态与认知**：当我们处于评价不断变化的情境

中时，要学会积极调整自己的心态和认知，不要过分依赖他人的评价来确定自我价值。要相信自己的能力和努力，以更加稳定和积极的心态面对各种评价和挑战。

阿伦森效应提醒我们人际评价的复杂性和认知的局限性。通过认识并理解这一心理现象，我们可以提高自己的社交与判断能力，减少偏见对决策的影响，建立更健康、更公正的人际关系网络。

# 58 皮格马利翁效应

在心理学中，有一个引人注目的现象——皮格马利翁效应，它揭示了他人的期望如何影响一个人的行为和成就。皮格马利翁效应来源于希腊神话中的塑像家皮格马利翁，他深深地爱上了他雕刻的女性雕像，对其充满了十分强烈的期望和信念，以至于这个雕像最终被女神赋予了生命。类比于这个故事，皮格马利翁效应在现实生活中展现的是他人的预期如何成为引导个体行为的强大力量，从而影响个体的表现和成就。

## （一）原理与实证研究

皮格马利翁效应背后的原理是基于自我实现的预言，即人们通常会按照他人对自己的期望来行动，无论这些期望是正面的还是负面的。这种现象首次由心理学家罗森塔尔（Rosenthal）和学校校长雅各布森（Jacobson）在1968年的研究中得到验证。他们对学生进行了一项实验，随机告诉教师某些学生在即将到来的一年中表现会有"突飞猛进"的进步，尽管这些"智力突发"学生是随机选出来的。结果发现，被认为会有突出表现的学生在学年末的确取得了比其他学生更好的成绩。该研究表明，教师对学生的积极期望能够激发学生的潜力，进而提高他们的学术表现。

## （二）应用领域

皮格马利翁效应在教育、管理、家庭教育等多个领域都有广泛的应用。在教育领域，教师的高期望可以激励学生努力学习，提高成绩；在管理领域，领导对员工的正面期望能够激发员工的积极性和创造力，提高工作效率和团队表现；在家庭教育中，父母对孩子的正面期望能够提升孩子的自信心和自我效能感，促进孩子的全面发展。

## （三）建立积极期望

要想有效利用皮格马利翁效应促进个体发展，关键在于建立并维持积极的期望。这涉及一系列的心理策略，包括给予具体而积极的反馈，设置合理的目标，展示对个体成功的信心以及通过身体语言和口头表达传递正面的期望等。

## （四）警示与思考

虽然皮格马利翁效应在许多情境下是积极的，但也需要关注它可能带来的不利影响。例如，如果期望设置得不合理，过高或过低，都可能导致个体产生压力和焦虑，甚至适得其反。因此，要在实践中寻找平衡点，确保期望既能激励个体向上，又不会给他们带来不利的影响。

皮格马利翁效应揭示了他人期望的力量，提醒我们在教育、管理、家庭教育和其他人际互动中,积极期望的重要性以及恰当设置期望的必要性。通过理解并应用皮格马利翁效应的原理,我们可以更好地激发个体的潜能,促进个人和团队的发展。正如希腊神话中的故事一样,我们的期望和信念有时候确实能够赋予他人以"生命",激发出他们更大的潜能和创造力。

## 59 甜柠檬效应

心理学中有个不太为人熟知却极其有趣的概念——甜柠檬效应，此效应由心理学家利昂·费斯丁格在1957年的认知失调理论中系统阐述。这个概念源自"酸葡萄理论"，也就是俗称的葡萄酸心理学，它解释了当人们得不到某种东西时，往往贬低它的价值，以降低自己的失望感。与此相反，当我们得不到想要的东西时，甜柠檬效应是一种自我安慰机制，它帮助我们用积极的态度来重新框定否定的情况，从而减轻心理上的不适。

## （一）具体表现形式

◎ **在职业发展方面**：比如一名求职者心仪一家大公司的某个岗位，但最终没能应聘成功。这时他可能会运用甜柠檬效应安慰自己，心想"虽然没进那家大公司，但现在入职的这家小公司氛围特别好，同事之间相处融洽，而且能接触到更多不同类型的工作内容，更有利于我全面发展呀"。通过这样积极地重新看待现状，减轻了因求职失败而产生的失落和沮丧情绪。

◎ **在人际关系中**：倘若一个人很希望和某个群体成为好朋友，融入他们的圈子，但对方却没有表现出很热情的接纳态度。这个人可能就会想"虽然没能跟他们成为特别好的朋友，但我现在身边的这些朋友都是真正懂我、关心我的人，和他们相处我更自在、更快乐呢"，用这种方式来缓解因被他人排斥而带来的心理不适，让自己能平和地接受当前的人际关系状况。

◎ **在物质追求上**：有人一直渴望购买一款昂贵的名牌包包，可由于种种原因没能买成。之后可能就会对自己说"其实我现在用的这个普通包包也挺实用的，容量大、背着轻便，而且不用小心翼翼地呵护，更适合日常使用呢"，通过肯定自己现有的物品，降低对未得到物品的渴望以及由此产生的遗憾感。

## （二）积极意义

◎ **情绪调节作用**：它能帮助人们在面对生活中的不如意时，快速地从消极情绪中走出来，避免长时间陷入悲伤、失望、焦虑等不良情绪中，维护心理健康。例如在经历了一段感情的结束后，运用甜柠檬效应想"虽然这段感情没能走到最后，但我从中学到了如何更好地与人相处，也更加了解自己想要什么样的伴侣了"，可以让自己较快地恢复平静，重新积极地面对生活和寻找新的感情。

◎ **维持自尊水平**：当遭遇挫折、无法达成目标时，甜柠檬效应可以让人们看到自己所拥有的其他优势或收获，从而避免因失败而过度贬低自己，保持相对稳定的自尊。比如在比赛中失利了，想着"虽然没赢得比赛，但我在准备过程中锻炼了自己的能力，积累了经验，这也是很宝贵的呀"，有助于维持对自己的积极认知。

## （三）可能存在的局限性

◎ **阻碍成长与进步**：如果过度依赖甜柠檬效应，每次遇到问题都只是一味地自我安慰，而不去正视失败的原因、思考如何改进和提升，那么就可能会原地踏步，难以在能力和生活品质等方面取得实质性的进步。比如一个学生考试成绩不理想，总是用"这次没考好，但我其他科目还行呀" 来安慰自己，却从不分析错题、查漏补缺，那下次考试成绩可能依然不会理想。

◎ **忽视真实感受**：有时候人们为了运用甜柠檬效应进行自我安慰，可能会压抑自己内心真实的失望、难过等情绪，长期这样做不利于情绪的健康表达和释放，甚至可能导致情绪问题积累，在某个时刻集中爆发出来。例如一个人一直没能实现自己的梦想职业规划，虽然嘴上总是用积极的话语安慰自己，但心里其实一直憋着一股劲儿，时间久了可能会变得越发焦虑和迷茫。

总之，甜柠檬效应是我们在生活中可以巧妙运用的一种心理机制，但也要把握好度，既要利用它来调节情绪、维持积极心态，又要避免因过度使用而阻碍了自身的成长和真实情绪的表达。

 **跳蚤效应**
——不要轻易定义你的下限

跳蚤效应是一个从行为心理学领域蔓延至管理学、教育学等领域的概念，它揭示了环境因素对个体潜能的制约作用及其长期影响。

在行动之前，我们是否已经为自己设定了限制？是否已经接受了一种潜移默化的信仰，即认为自己不能超越某个预设的边界？跳蚤效应正是心理学中一种关于个体如何因环境限制而降低其潜能的现象。

## （一）什么是跳蚤效应

跳蚤效应起源于一项关于跳蚤的实验。研究人员将跳蚤置于一个密闭的容器中，刚开始时跳蚤会试图跳出，但由于容器的盖子限制了它们跳跃的高度，经过多次尝试之后，即使盖子被移开，这些跳蚤也不再尝试跳出它们已认定的高度限制。这项实验展示了一旦个体被条件限制习惯了一段时间，即使条件变化了，这种限制依然在行为上对个体发挥作用。

## （二）跳蚤效应的特征及其心理学解释

- **环境限制**：跳蚤效应强调外部环境如何限制个体行为。心理学中的行为主义者认为环境刺激和对这些刺激的反应是塑造行为的关键因素。
- **学习习得**：个体通过习得性无助获得了无力感，即当个体在面对挑战时反复经历失败，将导致其不再努力摆脱限制，形成一种消极的学习模式。
- **自我限制**：内化的环境限制可能导致个体对自我能力的低估，从而形成自我实现的预言。这意味着个体将内部化外部的限制为自己的信念系统的一部分，进而在没有外在限制的情况下自我限制。
- **可转移性**：跳蚤效应可以从行为转移到认知和情感领域，个体可能在其他无关的任务和挑战中也表现出这种无力挣扎的行为。

## （三）跳蚤效应在现实生活中的应用

跳蚤效应存在于教育、工作及日常生活中。例如，在教育环境中，若教师持续期望学生表现平庸，则学生可能会接受这种期望并最终表现得平庸。在工作场所，如果管理层限制了员工的创新和个人发展空间，则他们可能不会尝试超越既定的角色和职责，只满足于现状。

## (四)解决策略

◎ **重塑信念**:个体需要重新评估和构建自己的信念系统,识别和挑战那些限制性的信念。

◎ **增强自主性**:通过赋予个体更多的选择权和控制权,可以提高他们的自主性和内在激励,激发他们突破限制的潜能。

◎ **正向反馈**:对个体给予正向的鼓励和反馈,帮助他们认识到成功是可能的,从而打破之前的失败预期。

◎ 向**榜样学习**:展示成功案例,通过榜样的力量鼓励个体相信超越限制是可能的。

跳蚤效应是一种强大且深刻的心理学现象,它提示我们认识到环境对个体潜能的深远影响。通过认识和对抗这一现象,我们可以解放自我限制,释放出更多的个人或集体潜力,朝着更积极、更自由的方向发展。

## 61 踢猫效应
——情绪会传染

"踢猫效应"——一个貌似与动物虐待有关的词语,在心理学中却代表了一种普遍的情绪与行为现象,最早见于美国工业心理学家保罗·赫塞(Paul Hersey)在1977年提出的情绪传递链理论。这一术语并非字面意思上对动物的伤害,而是象征性地描述了人在面对压力和不满时的一种情绪转移行为。换言之,"踢猫"在此并非直指某一行为,而是指当人们遭遇失败或情绪受挫时,将负面情绪无端释放到弱势或无关的对象上。

### (一)什么是踢猫效应

踢猫效应源自一种日常观察:一个人可能因为工作上受到领导批评而感到愤怒或挫败,但由于种种原因,他不能直接表达对领导的不满。这个人回到家中,感受到的情绪还未得到释放,于是可能对家人甚至宠物发火,家人或宠物就成了他情绪的出气筒。在心理学中,此现象被解释为一种防御机制,即情绪转移,指个体将自身无法直接表达或解决的负面情绪,通过其他途径间接释放。

## （二）踢猫效应的主要特征

- **情绪聚集与转移**：负面情绪并不总是能即时表达，有时会在个体内部聚集，随着时间的推移，这些累积的情绪需要释放的压力会不断增大，最终在某一个点找到出口，而这个出口往往是弱势或无关的对象。
- **防御机制**：个体通过情绪转移，通过转嫁压力从而保护自己不受内心冲突与外界压力的直接影响。这是一种无意识的自我保护行为，通过"攻击"一个安全的目标来缓解自己的紧张和焦虑。
- **权力格局**：踢猫效应常反映一个不平等的权力格局。受压者往往无法对更有权力的人做出反应或知道这样做会带来更糟糕的后果，于是选择了一个权力相对较低的替代对象。
- **自我调节失衡**：当个体在自我调节情绪上出现失衡时，踢猫效应便可能出现。个体未能有效利用积极的应对策略来面对挑战，转而使用消极的方式，即情绪宣泄。

## （三）踢猫效应的产生机制

- **应激反应**：面对压力时，人体会产生应激反应，心率提高，情绪激动，严重时可能表现出攻击行为。
- **认知评估**：在负面事件发生后，个体会对事件及其后果进行认知评估，若评估结果为无法直接对抗或解决，则可能寻求其他转移目标。
- **抑制与宣泄**：个体在抑制了对真正原因的反应后，压抑的情绪需要宣泄，弱势对象成为这一宣泄的出口。
- **心理的代偿作用**：在释放情绪给不相关的对象时，个体可能经历一种心理代偿作用，即通过支配或伤害他人以恢复自我价值感和控制感。

## （四）踢猫效应的应对策略

- **增强自我意识**：学习心理学相关知识可以帮助个体认识到踢猫效应的存在，并通过提升自我意识来识别并管理自己的情绪。
- **增强沟通技巧**：良好的沟通技巧可以帮助个体以更健康的方式表达和处理冲突，从而减少对他人的无端宣泄。
- **学习应对策略**：例如练习冷静反思，使用情绪日记，运用放松技巧等都可以有效帮助情绪调节。
- **寻求帮助**：在自我调节失败时，个体可以寻求心理咨询，专业人士能够提供适当的心理干预和应对技巧训练。

踢猫效应揭示了人们在情感管理和情绪转移中的复杂性。通过增进对这一现象的理解和提升情绪管理能力，个体可以更有效地处理压力，减少无意义的负面情绪转移，从而创造更健康的人际关系和更和谐的社会氛围。

# 62 安慰剂效应

安慰剂效应可追溯至1784年法国医生德·拉·梅特里（de la Mettrie）的医学观察，现代研究始于亨利·比彻（Henry Beechr）在1955年对二战伤员的研究。它犹如一道神秘的光环笼罩在临床试验和心理治疗领域，长久以来一直吸引着科学家、医生和心理学家们的目光，成为他们竞相钻研、试图破解的一道难题。

从其词源来看，"安慰剂"一词源于拉丁语，原意为"我将要安慰"，从表面上看，似乎只是一种给予患者心理安抚和慰藉的手段。然而，在实际的医疗实践和研究中，人们却惊讶地发现，安慰剂效应所展现出的力量远远超出了单纯的心理安慰范畴，其背后蕴含着极为复杂且尚未被完全认知的生理和心理机制。

## （一）什么是安慰剂效应

安慰剂效应是指在未实施真正有效治疗的情形下，仅仅因为患者自身的期望、信念等心理因素，而产生的一系列积极治疗效果。

在药物研发过程中，为了验证新药的疗效，通常会设置安慰剂对照组。令人惊讶的是，许多患者在服用了不含任何有效成分的安慰剂后，却向研究人员报告自身状况有所改善，如疼痛减轻、症状缓解、身体功能增强等。

除药物试验外，在其他多种治疗形式中也能观察到安慰剂效应。例如，一些患者在接受习惯性的疗程时，即便该疗程实际并无治疗作用，但由于患者对其效果的期待，仍可能感觉身体状况有所好转；在假手术中，患者在不知情的情况下接受了模拟手术操作，术后也会出现疼痛减轻等类似病情改善的现象；在心理咨询领域，即使咨询师采用了一些并无实际治疗意义的方法，但患者因对咨询效果的信任和期望，心理状态也可能得到改善。

## （二）作用机制探讨

◎ **心理因素的影响**：患者的心理预期和信念是安慰剂效应产生的关键。当患者对某种治疗方式抱有积极的期待时，会在心理上产生一种自我暗示，这种暗示能够影响大脑的神经生理活动。例如，大脑可能会释放内啡肽、多巴胺等神经递质，这些物质具有镇痛、愉悦情绪等作用，从而使患者产生症状改善的主观感受。

◎ **条件反射机制**：人体具有一定的条件反射能力。在以往的医疗经验或生活经历中，患者可能已经建立了某些治疗行为与症状改善之间的联系。当再次接触类似的治疗场景时，即使实际治疗无效，身体也会基于这种条件反射而产生一些生理变化，表现出症状的缓解。

◎ **社会文化因素的作用**：社会文化背景也会对安慰剂效应产生影响。在某些文化中，对医疗权威的高度信任、对传统治疗方法的认可等因素，可能会增强患者对治疗的信心和期望，从而更容易出现安慰剂效应。

## （三）研究意义及应用价值

◎ **在医学研究中的意义**：安慰剂效应的存在提醒研究人员在药物临床试验中必须严格设置安慰剂对照组，以准确评估新药的真实疗效，避免因安慰剂效应而误判药物的有效性。同时，对安慰剂效应机制的深入研究，有助于揭示心理因素与生理健康之间的复杂关系，为医学研究提供新的思路和方向。

◎ **在临床治疗中的应用**：虽然安慰剂本身并无真正的治疗作用，但临床医生可以合理利用安慰剂效应来提高治疗效果。例如，通过与患者建立良好的信任关系，给予患者积极的治疗预期和心理支持，增强患者战胜疾病的信心，从而在一定程度上促进患者的康复。但需要注意的是，这种应用必须在遵循医学伦理的前提下进行，不能对患者进行欺骗。

安慰剂效应是一个涉及心理、生理、社会文化等多因素的复杂现象，对其深入研究和合理应用具有重要的科学价值和临床意义。

# 63 狄德罗效应

置身于现代消费社会的浪潮之中,我们每个人都极易在不经意间沦为狄德罗效应的阶下囚。这一心理学现象因18世纪法国著名哲学家丹尼·狄德罗(Denis Diderot)而得名,在他的著作《狄德罗的悔恨》里,曾对这种消费者行为予以详尽的阐述。时光流转至今,该效应依旧如影随形,深刻地左右着我们在购买时所做出的种种决策。

## (一)什么是狄德罗效应

狄德罗效应所描绘的情形如下:当某人购置或获取一个全新的物品,并使其融入自身的生活环境之际,该新物品往往会引发一连串额外购置的连锁反应。这些后续的购买行为并非基于实际需求,而仅仅是为了与新物品相互适配或形成补充。一言以蔽之,此即所谓的"购物滚雪球"现象。

## (二)狄德罗效应的特征

◎ **连锁购置现象**:处于狄德罗效应核心位置的,乃是一系列接连不断的购买行径。一件商品的出现会催生出对其他商品的购买欲求,从而引发连锁反应。

◎ **因不一致而生的焦虑感**：消费者在购入新商品之后，极有可能察觉到其与原有物品及环境之间存在的不协调之处，这种不协调所带来的心理上的不安情绪，会进一步驱使他们持续进行购物行为。

◎ **自我形象塑造过程**：个体往往会借助购买商品的方式，来精心塑造或者有力强化自身所期望展现出的角色或形象，以达成自我认同与对外展示的目的。

◎ **消费冲动的表现**：狄德罗效应通常总是伴随着极为强烈的冲动性购买行为，这类购买并非经过审慎思考与周全考量之后所做出的决策，而更多的是源于瞬间的冲动与本能的驱使。

## 案例

在繁华都市的职场中，白领艾米的经历堪称狄德罗效应的生动写照。公司晚宴上，艾米幸运地收获了一份令人艳羡的奖品——一款当下市场中风靡一时的高端智能手机。其时尚的外观与强大的功能瞬间点燃了艾米的兴奋之情。

然而，在随后的数日里，一种莫名的焦虑悄然在艾米心中滋生。她发觉自己平日里携带的手包与这款崭新的手机相较，风格迥异，仿佛二者来自不同的世界。就连工作桌上那些曾经视为可爱点缀的小饰品，此刻也都黯然失色，失去了往昔的魅力。

一次偶然的逛街之后，狄德罗效应在艾米身上悄然开启了它的连锁反应。为了让新手机的时尚韵味得以充分彰显,艾米毫不犹豫地购入了一个新手包。当她满心欢喜地带着新手包回到家中,却惊觉它与自己的日常穿着搭配起来显得格格不入。于是,在这种追求整体协调的冲动驱使下,她又毅然决然地对衣橱中的几套服装进行了更新换代。每一次新的购置行为,在艾米看来似乎都为前一次的购买找到了合理的解释与支撑,可她却未曾意识到,自己正一步步陷入债务的泥沼,沉重的债务负担如雪球般越滚越大,让她在追求物质匹配的道路上逐渐迷失了方向。

## (三)心理学角度的解释

从心理学的维度深入剖析,狄德罗效应深刻关联着人们对新事物的接纳适应历程、自我认同感的动态演变,以及消费者心理层面的认知失调现象。当崭新的物品融入既有环境时,它悄然重塑着人们的心理与行为状态,进而对自我形象的构建与认知产生不可忽视的影响。为了维系内在心理的协调统一,个体往往会本能地探寻各种途径,力求使外在物质层面的配备与内在心理状态相互契合、相得益彰。

进一步探究狄德罗效应背后隐匿的心理运作机制,其中涵盖了对新奇事物的强烈追逐倾向、源于社会比较而催生的心理驱力,以及个体在物质获取过程中所追求的满足感体验。这一效应仿若一面镜子,清晰映照出广告与市场营销策略是怎样巧妙地塑造并强化消费者的需求感知，从而潜移默化地左右其消费行为抉择的。

狄德罗效应，此一显著的消费心理现象，郑重地向我们发出警示：切不可小觑那些乍看之下稀松平常的购买举动背后所潜藏着的如多米诺骨牌般的连锁反应。当我们对这一心理学概念有了透彻的领悟之后，便等同于拥有了一把能够开启理性消费之门的钥匙。凭借它，我们得以巧妙地规避诸多不必要的花销，进而逐步学会以一种更为审慎、理智的态度去直面物质消费。在这个过程中，我们将逐渐重拾对自身消费决策的绝对掌控权，最终向着财务自由的康庄大道稳步迈进，同时收获内心深处那份梦寐以求的安宁与平静，真正达成物质与精神的双重富足与和谐。

## 64 霍布森选择效应
——你真的有选择的权利吗

"今天中午吃黄焖鸡还是麻辣烫？"——外卖软件里20家店铺，翻来翻去全是料理包快餐；"国庆去云南还是海南？"——点开订票软件，热门景区门票早已售罄。

这些看似自由的选择背后，暗藏着一个操控人心的心理学陷阱——霍布森选择效应。它像一双无形的手，让你在超市货架前徘徊半小时，最终却拿起最前排的促销商品；它让你刷婚恋软件到凌晨三点，最后却将就着和相亲对象结婚。2024年《中国社会决策行为报告》显示，76%的年轻人正深陷"虚假选择困境"。

### （一）被驯化的选择

1636年，英国商人托马斯·霍布森（Thomas Hobson）在剑桥经营马厩，他宣称"顾客可以自由挑选任何一匹马"——但只能选离门最近的那匹。这一古老骗局，在移动互联网时代演化出更隐蔽的形态：算法推荐的短视频、大数据筛选的购物清单、社交平台推送的"热门人生模板"……

心理学研究发现，当人类面对超过7个选项时，决策质量会断崖式下跌。这正是霍布森选择效应最危险的变种——用海量选项制造决策瘫痪，最终诱导你选择系统预设的答案。

## （二）你可能正在经历的三大"选择困局"

### 1. 职场伪晋升通道

程序员王磊在某互联网大厂工作五年，绩效年年拿A。可晋升答辩时，HR却暗示："公司更看重35岁以下的'新生代'。"他面前摆着三个"选择"：转管理岗（实为边缘部门）、接受降薪调岗、主动辞职。看似三条路，实则全是通往职业寒冬的单行道。

这种温水煮青蛙的选择剥夺，正在扼杀职场人的创造力。2023年《互联网从业者心理健康白皮书》指出，42%的程序员已出现"决策倦怠综合征"。

### 2. 教育"单选题式成长"

南京家长李雯的手机里存着12个补习班群，女儿朵朵的周末被切割成45分钟一段的课程。当孩子提出想学街舞时，李雯脱口而出："等你考上重点高中再说。"

这种"重点中学→985→体制内"的"人生单选题"，让00后群体中"空心病"患者激增。上海精神卫生中心2024年研究证实：在单一评价体系下长大的孩子，前额叶皮层决策功能发育滞后2-3年。

### 3. 婚恋"剧本式选择"

31岁的张倩在相亲市场"厮杀"三年，见过56个对象。每次见面，她都在心里打钩：有房（√）、有车（√）、身高175cm（√）……直到遇见爱攀岩、会写诗的摄影师陈默，她却犹豫了："这些条件不在我的清单上。"

婚恋平台的算法正批量制造"择偶机器人"。《亲密关系数字化研究》显示：过度依赖量化指标的相亲者，婚姻满意度比自由恋爱群体低37%。

## （三）破解困局的三大密钥

### 1. 制造选择真空期

每周留出2小时，关闭所有智能设备。像成都插画师阿琳一样，用纸质地图探索城市角落。神经科学证实：在脱离算法投喂的环境中，大脑杏仁核会释放更多多巴胺，激发原始决策冲动。

### 2. 设置叛逆选项

深圳创业者老周在团队决策时，总会加入一个荒诞方案，比如"把公司搬去南极"。这种策略性疯狂能打破思维定式。数据显示：含非常规选项的会议，创新提案数量提升58%。

### 3. 锻炼"选择肌肉"

从今晚的餐桌开始训练：别问孩子"吃米饭还是面条"，而是问"你想发明什么新主食"。北京家庭教育研究所发现：经常参与开放式决策的孩子，前额叶皮层活跃度是同龄人的1.7倍。

真正的自由，不在于选项的多少，而在于能否跳出预设的框架。

##  蔡格尼克效应
——揭秘记忆之谜

在人类那千千万万个记忆片段里,究竟有多少能够历经岁月的洗礼而永久性地铭刻在我们的大脑之中呢?这是一个引人深思的问题,而心理学家们通过不懈的研究和探索,已然揭开了人类记忆力背后隐藏着的诸多神秘面纱,其中一个备受瞩目的发现便是"蔡格尼克效应"。

20世纪初,有一位名叫布拉塔·蔡格尼克(Blata Zeigarnik)的心理学家,在一次寻常的咖啡馆经历中,偶然间有了一个意义非凡的发现,而这个发现恰似一把神奇的钥匙,缓缓揭开了笼罩在我们记忆形成机制之上的那层神秘面纱。

当时,她留意到了这样一个有趣的现象:咖啡馆里的服务员们仿佛有着独特的记忆本领,他们可以轻而易举地记住所有尚未完成的订单内容,那些菜品、饮品的要求以及对应的桌号等信息,就像是被牢牢刻在了他们的脑海之中。然而,颇为奇妙的是,一旦这些订单被顺利完成交付,与之相关的信息竟会迅速地从他们的记忆里消失不见,就如同被一阵风轻轻吹散了一般。

这样奇特的现象瞬间引发了蔡格尼克强烈的好奇心,在后续深入的研究与思考中,她不断探寻这背后的奥秘,最终提出了影响深远的"蔡格尼克效应",为心理学领域对于人类记忆机制的

理解增添了浓墨重彩的一笔。

## （一）什么是蔡格尼克效应

蔡格尼克效应揭示了一种独特的记忆现象，即相较于已经完成的任务，人们对于那些尚未完成的任务往往具有更深刻的记忆。这种效应就像是大脑中的一个特殊"标签"，将未完成的事情牢牢地标记在记忆深处，使其在众多记忆中脱颖而出，更易于被我们长久地记住。它在我们的日常生活和学习工作中都有着广泛的体现和影响，为我们理解人类记忆的机制和特点提供了一个全新的视角。

## （二）蔡格尼克效应的特征

蔡格尼克效应所产生的未完成任务的记忆效应，为阐释完成任务的内在动机提供了有力依据。举例而言，一位工人在工作进程中突然遭到打断，那么在后续的时间里，他对于在被打断瞬间所从事的工作会产生更强的执着，难以轻易放弃。这是由于蔡格尼克效应具有一种特殊的倾向，它促使我们在有限的注意力资源中，优先留存那些尚未完成的事务印记，从而使得这些未竟之事持续在我们的脑海中萦绕，激发我们想要去完成它们的强烈渴望。

不仅如此，蔡格尼克效应还能够助力使用者对执行任务的时间管理进行优化。当人们深入了解并巧妙运用这一效应时，可以通过合理地规划、精心地管理以及灵活地调整待办事项的状态，巧妙地激发自身的工作与学习动力，从而显著地提升工作和学习的效率，使自己在面对纷繁复杂的任务时能够有条不紊地推进，实现时间利用的最大化与效益产出的最优化。

## （三）蔡格尼克效应在生活中的应用

蔡格尼克效应宛如一位隐匿在生活幕后的"导演"，在我们的日常生活里扮演着极为重要的角色，悄无声息地影响着诸多方面。

就拿看电影这件平常事来说吧，周六晚上，你兴致勃勃地开启了一部电影的观赏之旅，可还没等电影播放到结尾，困意就如潮水般袭来，你不知不觉地睡着了。等到周日早晨一觉醒来，你会惊奇地发现，自己的脑海里竟不由自主地开始琢磨起那部电影尚未完结的剧情来，那种想要知道后续发展的念头萦绕心头，甚至可能促使你专门找个时间，重新打开那部电影，把它看完，好让自己心里那块因未看完而一直"悬着"的石头落了地。

而对于学生群体而言，想必也都有过类似的体验。比如说，当你正全神贯注地写着家庭作业时，突然被外界因素打断了，可能是不得不去接个电话，又或者是要帮忙做些家务活。可当你忙完这些事儿，重新回到作业面前的时候，你就会留意到一个奇妙的现象：自己对于在被打断之前正在处理的那部分作业内容，记忆格外清晰，远比那些已经完成了的部分印象深刻得多。

其实，无论我们有没有察觉到它的存在，蔡格尼克效应始终都在我们的生活中默默施展着它的影响力，有时候甚至在无形之中决定了我们生活的节奏与走向。虽说它偶尔可能会给我们带来些许压力，但要是我们能够深入理解它，并且巧妙地运用它，那可就能从中获益匪浅了。我们可以凭借这一记忆现象，更加合理、高效地规划和管理自己的时间，让生活变得井然有序，从而更好地把控生活的主动权。

　　要知道，尽力去完成任务固然是好的，可要是实在没办法完成，那也没关系。这时，我们不妨借助蔡格尼克效应的力量，把那些尚未完成的部分牢牢记住。如此一来，这不仅有助于我们时刻把握事情的进展方向，说不定在某个不经意的时刻，还能给我们带来一些意想不到的惊喜，让我们的生活多了几分别样的色彩。

# 66 木桶效应

木桶效应由管理学家彼得·德鲁克（Peter Drucker）在1966年《卓有成效的管理者》中提出，后被引申为系统论概念。这一概念源自木桶的形象，它用来描述人们心理和情绪的削弱与困境。

## （一）木桶效应及其特征

木桶效应是一个比喻，指人的心理和情绪的弱点趋向于削弱个人的总体平衡状态，就像一个木制水桶的高度取决于最短的板子。以下是其显著特征。

◎ **弱点叠加**：木桶效应意味着我们的心理和情绪状态会受到多个困扰因素的影响，这些因素可能来自个人生活和职业等各个方面。就像木桶上存在的一个个漏洞，它们相互交织、共同作用，当累积到一定程度时，便会致使我们的心理情绪之"水"满溢而出。

◎ **先天不足**：木桶效应反映了人们在各领域对圆满的追求。遭遇挫折或失败时，心理痛苦远超成功带来的快乐，这种心理倾向令我们更易受木桶效应影响。因各领域的不足相互关联，就像木桶短板相互作用，会制约整体发展，给我们在追求全面平衡提升的道路上增添更多阻碍。

◎ **短视与盲点**：木桶效应致使人们在对自身问题进行认知时产生了一定的偏见，常常会将那些实际上比其他问题更为关键重要的事情轻易地忽视掉。我们的思维惯性往往倾向于把注意力聚焦于各种消极因素之上，与此同时，积极的方面却被我们抛诸脑后。如此一来，便使得自身所处的困境进一步地被加深了，仿佛陷入了一个恶性循环之中，难以自拔。

## （二）木桶效应的危害

◎ **消极情绪蔓延**：木桶效应极易触发情绪的连锁式反应，进而滋生出更多的焦虑情绪与沉重压力。在这种效应的影响下，个体很可能深陷于负面思维的泥沼，由此萌生出对未来的种种忧虑，甚至抱持一种悲观消极的态度，仿佛被一片阴霾所笼罩，在自我困扰中难以找寻到积极乐观的出口。

◎ **自信心减弱**：木桶效应加剧了人们对自身能力和价值的怀疑。失败和困境的连续经历，可能会使个体逐渐失去自信，对自己的潜力和发展产生怀疑。

◎ **关系破裂**：木桶效应可能会对人际关系产生负面影响，因为一个人的消极情绪和情感压力往往会波及周围的人。这可能导致亲密关系的冷漠，相互间的误解或疏离。

## （三）木桶效应产生的原因

- **忽视积极因素**：在日常的思维模式中，我们常常不自觉地把关注点聚焦于各类问题与困难，而对那些积极有益的方面视而不见。这种带有偏向性的认知方式，使得我们极易被消极情绪所左右并不断放大其影响力，进而提升了木桶效应出现的概率。
- **压力和挫折积累**：个体在生活和工作中面临的长期压力和挫折，如工作压力、家庭问题、人际关系等，会逐渐削弱情绪的稳定性和心理韧性，使木桶效应更容易发生。
- **自我评价偏差**：当个体过度关注自己的缺点和失败经验，而忽视自身的优点和成功经验时，木桶效应会进一步加剧。

## （四）应对木桶效应的解决方法

- **积极心态**：重塑思维方式，让积极的、正向的信念占据主导地位。要学会关注和强化自己的优势和成功经验，树立积极的自我形象。
- **学会管理压力**：学会有效管理和减轻压力。建立合理的工作和生活平衡，寻找放松和缓解压力的方法，如运动、冥想、与亲友交流等。
- **自我反思与成长**：面对挫折和困境时，积极回顾自己的经验和教训。从每次失败中总结经验教训，为未来探索新的机会和解决方案提供启示。
- ◎ **求助和支持**：及时寻求心理咨询或专业帮助，与家人、朋友或同事分享自己的困扰和感受。良好的支持网络可以为个体提供情感支持和有用建议。

木桶效应作为一种普遍存在的心理现象，常常在我们将目光过多地投向问题与困难之际悄然显现。这种倾向使得我们不自觉地对积极因素视而不见，于是痛苦与困扰便如影随形且愈演愈烈。不过，凭借积极乐观的心态、行之有效的健康应对策略，加上主动的自我反思以及适时地向外寻求支持，我们完全能够逐步缓解木桶效应所带来的不良影响，重新构建起个人心理健康的坚固堡垒与生活的平衡状态。

# 67 煤气灯效应

煤气灯效应是一种极其隐蔽且具有强大破坏力的心理操控现象。

## （一）概念起源

煤气灯效应一词来源于1944年美国的一部黑色悬疑电影《煤气灯下》。在影片中，男主角亨利为了谋取妻子艾玛的财产，通过各种手段故意误导她，让她怀疑自己的认知和记忆，使她逐渐变得精神不稳定。后来，人们就用"煤气灯效应"来描述这种通过操控他人的心理认知，使其产生自我怀疑和精神混乱的现象。

## （二）艾玛的遭遇

- ◎ **初期表现**：亨利可能会经常对艾玛做的一些小事进行否定或质疑，比如艾玛精心准备了一顿晚餐，亨利却皱着眉头说"这道菜味道怎么这么奇怪，你是不是没用心做呀"，或者艾玛穿了一件新衣服，亨利会说"你穿这个真的不好看，显得你很胖"。
- ◎ **中期影响**：随着时间的推移，亨利可能会进一步干扰艾玛的记忆和认知。例如，艾玛明明记得他们约定好周末去看电影，但亨利却坚决否认有这回事，还说艾玛记错了，是她自己想去看电影，硬要拉着他去。
- ◎ **后期结果**：长期处于这样的环境中，艾玛开始对自己的判断和记忆产生严重的怀疑，她变得越来越不自信，光彩也逐渐黯淡。她会不断地反思自己是不是真的像亨利说的那样糟糕，做什么事情都小心翼翼，生怕又被亨利批评或否定。

## （三）心理机制

- ◎ **操控者的目的**：操控者往往出于自身的利益或控制欲，想要让被操控者按照自己的意愿行事，或者满足自己的某种心理需求，如获得权力感、满足虚荣心等。
- ◎ **被操控者的反应**：被操控者由于长期处于被质疑和否定的环境中，会逐渐失去对自己的信任，开始依赖操控者的判断和评价，从而陷入自我怀疑和精神混乱的状态。

## （四）常见场景

- ◎ **亲密关系**：如艾玛和亨利这样的夫妻关系中较为常见，一方可能会通过控制经济、限制社交、贬低对方等方式来实施煤气灯效应，使另一方逐渐失去自我。
- ◎ **职场关系**：上级对下级也可能会使用这种手段，比如上级总是批评下级的工作能力，即使下级做得很好，也会找出各种理由否定，让下级觉得自己很无能，从而更加依赖上级的指导和认可。
- ◎ **家庭关系**：父母对子女也可能出现类似情况，例如父母总是强调子女的缺点和不足，忽视其优点和成就，使子女产生自我怀疑和自卑心理。

## （五）应对策略

- ◎ **保持自我意识**：像艾玛这样的被操控者要时刻提醒自己的价值和能力，相信自己的判断和记忆，不要轻易被他人的话语所左右。
- ◎ **寻求外部支持**：艾玛可以向朋友、家人或专业心理咨询师倾诉自己的遭遇，听取他们的意见和建议，从外部获得对自己的肯定和支持。
- ◎ **建立边界**：明确自己的底线和边界，当亨利的行为超出这个范围时，要勇敢地说"不"，并采取措施保护自己，如暂时离开或寻求帮助。

煤气灯效应不仅对个体的心理健康造成损害，还会破坏人际关系的基础。认识到这种效应和寻求专业的帮助至关重要，这样受害者才能重新掌握自身的现实感和生活的主导权。所有人都应对此保持警觉，以免在不知不觉中沦为他人操纵的牺牲品。

## 68 路西法效应
——好人是如何变成恶魔的

我们每个人都有不同的身份和角色。然而，你是否经历过这样的时刻：在某个群体或特定环境中，你的行为和性格似乎发生了翻天覆地的变化，变得与平时的自己截然不同？这就是心理学中的"路西法效应"——在某些特定的环境下，人内心深处的邪恶面会被激发出来，变得不择手段。

### （一）什么是路西法效应

路西法在西方宗教神话中原本是天使，后来堕落成为撒旦。路西法效应是心理学家菲利普·津巴多（Philip Zimbardo）提出的概念，他在1971年的斯坦福监狱实验中首次观察到这一现象。实验中，一些原本温和、善良的大学生在扮演狱警的角色后，逐渐表现出虐待囚犯的行为，而扮演囚犯的大学生则变得顺从、沮丧。津巴多指出，环境和角色对人的行为有着深远的影响，即使是最善良的人，也可能在特定的环境下表现出邪恶的特质。

路西法效应不仅仅是一个心理学理论，它在现实生活中有着广泛的应用。从校园霸凌到职场欺压，从网络暴力到社会冲突，我们都能看到这一效应的影子。它提醒我们，人的行为和性格并不是固定不变的，而是受到外部环境和内部心理的多重影响。

## 案例

李浩（化名）是一名品学兼优的高中生，性格温和，待人友善，深受老师和同学们的喜爱。高二那年，他被选为学生会主席，负责管理校园纪律。从那一刻起，李浩的行为开始发生了令人震惊的变化。

一是，角色的转变：学生会主席的职务让李浩感到前所未有的自豪和优越感。他开始享受那种被众人关注和遵从的感觉。为了表现出自己在管理上的能力，他对违反校规的同学采取了非常严厉的惩罚措施。即使是些微不足道的小事，他也会抓住机会狠狠批评，甚至施加更严重的惩罚。比如，一天中午，几个低年级的学生在食堂里大声讲话，引起了其他同学的不满。李浩不仅当众批评了他们，还威胁说如果再有类似行为，就会被开除学籍。这些学生感到极为惊恐，纷纷低头认错。

二是，群体压力：李浩的学生会小团体也逐渐形成了一种冷酷无情的氛围。为了维护这个小团体的"纯洁性"，其他成员也开始对那些被他们认为"不服管教"的同学进行孤立和羞辱。有一次，一名平时成绩不错但性格有些内向的女同学因为忘记戴校徽而被学生会成员们围攻，要求她在大庭广众之下道歉。女同学感到羞辱和恐惧，泪水涟涟，最终不得不按他们的要求在全校师生面前道歉。这种群体压力让李浩和其他学生会成员们越来越冷漠，不再顾及他人的情感和尊严。

三是，去个性化：在学生会的权力结构中，李浩逐渐失去了自己的个性。他不再是以前那个温和善良的李浩，而是一个冷酷无情的"权威人物"。这种去个性化让他失去了自我反思的能力，更容易做出冲动和不理智的决定。比如，有一次，一名低年级的学生偷偷在校园里吸烟。李浩发现后，不仅狠狠地批评了他，还威胁他如果不老实交代其他吸烟的同学，就会被开除。这名低年级的学生在巨大的压力下，最终交代了全班同学的隐私，结果导致整个班级陷入了恐慌和猜疑之中。

四是，系统性问题：学校对学生会的监督不足，使得学生会在某种程度上成为一个"小社会"。这种缺乏监管的环境进一步放大了李浩的负面行为。学生会的权力过大，而学校的管理却跟不上，让李浩和其他学生会成员们有了滥用职权的空间。他们不仅管理纪律，还干预学生们的日常生活，甚至对一些个人问题进行干预，这就导致了更多的矛盾和冲突。

## （二）环境如何改变我们

◎ **角色认同**：当李浩成为学生会主席后，他开始认同这个角色所赋予的权力和地位。这种认同感让他逐渐忘记了自己原本的善良，反而更容易接受和实施严厉的惩罚措施。他开始觉得自己有责任维护学校的纪律，这种责任感让他变得更加严厉和苛刻。

- ◎ **群体压力**：群体压力是导致李浩行为变化的另一个重要因素。学生会的小团体文化要求成员们保持一致，否则会被视为"异类"。李浩为了不被排斥，不得不改变自己的行为，以符合团体的期望。这种群体压力不仅让他变得冷酷无情，还让他失去了独立思考的能力。
- ◎ **去个性化**：去个性化是指人在特定环境中，尤其是在群体活动中，个人身份和责任感减弱，更容易做出冲动和不理智的决定。在学生会的权力结构中，李浩逐渐失去了自己的个性，变得不再顾及他人的感受。他开始觉得自己是一个"权威人物"，可以随意干涉他人。这种去个性化让他更容易滥用权力，做出伤害他人的行为。
- ◎ **系统性问题**：系统的缺陷也是导致李浩行为变化的一个重要因素。学校对学生会的管理过于宽松，缺乏有效的监督机制。这使得学生会在某些方面成了一个"小社会"，拥有自己的权力和规则。

## （三）如何避免路西法效应

- ◎ **保持自我反思**：无论在什么环境下，都要时刻审视自己的行为和动机。李浩如果能够保持自我反思，就不会在权力的诱惑下迷失自我。他可以定期写日记，记录自己的所思所想，及时发现问题并进行调整。
- ◎ **建立健康的群体文化**：群体文化对个体的行为影响极大，因此建立一个健康、积极的群体文化至关重要。学生会可以开展更多的团队建设活动，增强成员之间的凝聚力和互助精神。例如，定期举办心理辅导和团队讨论，帮助成员更好地理解彼此，减少内部矛盾和冲突。
- ◎ **寻求外部监督**：外部监督可以防止权力的滥用。学校可以设立一个专门的监督委员会，定期审查学生会的工作，及时发现和纠正问题，加强对学生会的管理和监督，确保权力不会被滥用。此外，学校还可以鼓励学生和家长提供反馈，让学生会的工作更加透明和公正。
- ◎ **培养同理心**：同理心能够帮助我们更好地理解他人的感受，减少对他人造成伤害的可能性。李浩如果能够培养同理心，就不会对低年级的学生进行恐吓和威胁。他可以参加一些志愿服务活动，帮助那些需要帮助的同学，从而增强自己的同理心和责任感。

## （四）路西法效应的启示

近年来，随着社交媒体的普及，网络暴力成了一个严重的社会问题。许多原本温和的人在匿名的网络环境中，变得凶狠和残忍。这正是路西法效应在现代社会中的体现。网络的匿名性和去个性化效应让一些人在网络上失去了自我约束，更容易发表攻击性言论，伤害他人。

路西法效应也提醒我们，权力的滥用不仅仅是个人的问题，更是系统和环境的问题。在职场中，上司的选择和管理方式直接影响下属的行为。在学校里，教师和管理者的角色定位和管理手段也决定了学生会的行为。因此，建立一个健康、公正、透明的系统环境，是避免路西法效应的关键。

环境可以改变一个人，但内心的光明终将指引我们前行。

 **空白效应**
——发生"空白效应"时，先深呼吸，冷静思考，然后再采取行动

你是否有过这种经历：在一段关系中，因为对方的一句含糊不清的话而产生无限的遐想？你是否因为这种遐想而让自己变得焦虑、紧张甚至痛苦？如果答案是肯定的，那么你可能已经体验到了心理学上的一种有趣现象——空白效应。

## （一）空白效应的原理

空白效应最早由德国心理学家马克斯·韦特海默（Max Wertheimer）在格式塔心理学（Gestalt Psychology）中提出。格式塔心理学强调，人类在感知事物时，倾向于将不完整的感知对象视为一个整体。这种心理机制使得我们在面对不完整的信息时，会自然而然地进行补充和联想。

在爱情中，空白效应尤为明显。当一方表现出一些不寻常的言行时，另一方往往会因为担心、不安或者好奇，而在脑中进行各种假设和联想。这些联想不仅会加深我们对对方行为的理解，还会产生更加强烈的情感反应。这是因为我们的大脑在填补空白时，会调动更多的认知资源和情感体验，从而使得整个事件在我

们的记忆中变得更加深刻。

### 案例

李娜和张伟是一对相恋多年的情侣，他们之间有深厚的感情基础。然而，最近的一次小误会却差点让这段感情陷入了危机。一天晚上，李娜发现张伟的手机上有一条未发出去的短信，短信的内容是"我……"。看到这条短信，李娜的心里充满了疑惑和不安，开始在脑海中填补这个空白。

假设1：张伟是不是想说"我累了"？他最近工作压力大而变得烦躁，是不是在考虑分手？

假设2：张伟是不是想说"我爱……"？他是不是想向她表达更深的情感？

假设3：张伟是不是想说"我在外面……"？他是不是有外遇了？

每一个假设都在李娜的脑海中翻腾，她开始变得焦虑不安。终于，她决定面对张伟。然而，当她问起这条短信时，张伟却一脸无辜地回答："我……"停顿了一下，然后笑着说："我也不知道，可能是发错了。"李娜听了之后，心中的疑虑并没有完全消除，但她还是选择相信张伟。

李娜之所以会因为一条未完成的短信而变得如此焦虑，正是空白效应在起作用。当她看到这条短信时，大脑立即启动"填补空白"的机制，而填补的方式则是根据她的经验和情感状态来进行的。因为李娜最近感觉自己在张伟心中的位置越来越模糊，所以她首先想到的是张伟可能想说"我累了"或者"我在外面……"，这些假设都让她感到不安。然而，当张伟解释说可能发错了时，李娜的疑虑并没有完全消除。这是因为在她的心中，这些假设已经形成了深刻的印象，即便张伟给出了一个合理的解释，她依然难以完全释怀。这种心理状态在心理学上被称为"认知不协调"，即当我们的认知与现实产生矛盾时，我们会感到不适，并试图通过各种方式来消除这种不适感。

## （二）如何应对空白效应

- ◎ **沟通是关键**：当一段关系中出现不完整的信息时，最有效的方法是直接与对方沟通。敞开心扉，坦诚相待，可以减少不必要的误会和猜疑。
- ◎ **自我反省**：在面临空白时，可以先停下来，反思自己的假设是否合理。有时，我们的担忧可能只是出于自己的不安全感，而不是对方的真实意图。
- ◎ **培养信任**：信任是爱情的基石。通过建立和维护信任，可以减少对不完整信息的过度解读，从而减少不必要的焦虑和痛苦。
- ◎ **寻求支持**：如果实在无法化解心中的疑虑，可以寻求朋友或专业人士的支持。他们可能会提供不同的视角，帮助我们更理性地看待问题。

空白效应在男女感情中无处不在，它既可能成为感情加深的契机，也可能成为误会的根源。了解这一心理现象，可以帮助我们在面对不完整信息时，更加理性地处理，避免产生不必要的痛苦。下次当你遇到"空白"时，不妨先深呼吸，冷静思考，然后再采取行动。

# 70 奖惩效应
—— 使用"奖惩效应"要懂得其中的分寸

你是否在小学时因为一次良好的表现而受到老师表扬，从此在学习的道路上越走越远？你是否有过在职场上因为一个失误受到领导的严厉批评，自此以后变得更加谨慎细心？生活中，我们经常会遇到这样或那样的奖惩，而这些外部的强化手段往往能够在不经意间对我们的心灵产生深远的影响。这就是心理学上的"奖惩效应"，由行为主义心理学奠基人B.F.斯金纳（Burrhus Frederic Skinner）在1938年通过操作性条件反射实验确立强化理论框架。

## （一）奖惩效应的定义

奖惩效应，简单来说，就是通过对目标人的行为实施外部的强化或弱化手段，影响其自身评价等心理活动，进而带来行为的强化或弱化。表扬、鼓励和信任，往往能够激发一个人的自尊心和上进心；而得体、适度、就事论事的惩罚措施，则可以促使一个人改正错误行为。这种效应在社会心理学、教育心理学和管理心理学中有着广泛的应用和研究。

## （二）奖励的神奇力量

奖励，特别是及时和真诚的奖励，能够极大地提升一个人的内在动力。例如，一项研究发现，当学生在课堂上表现出色时，老师及时给予表扬，学生的自尊心和自信心会显著提升，进而提高其学习动力和成绩。这种正向的反馈机制不仅适用于教育领域，同样适用于职场环境。一项对职场员工的调查显示，那些经常受到上司表扬和认可的员工，工作满意度和绩效表现都明显优于那些缺乏正面反馈的员工。

## （三）惩罚是把双刃剑

不当的惩罚可能会适得其反，导致目标人的心理压力增大，甚至产生抵触情绪。心理学家斯金纳的经典实验表明，当动物在实验中受到电击等负强化时，它们往往会变得焦虑和不安，而且这种负面情绪会影响其后续行为。同样，人类在面临过度或不公正的惩罚时，也会出现类似的心理反应。一项对儿童的研究发现，过度的惩罚不仅不能有效纠正孩子的错误行为，反而可能导致孩子变得更加叛逆，甚至出现心理问题。

## （四）如何正确使用奖惩效应

◎ **及时反馈**：无论是奖励还是惩罚，都应该及时进行。拖延的反馈效果会大打折扣，甚至失去其意义。

- ◎ **具体明确**：表扬或批评时，要具体指出哪些行为值得肯定或需要改进。模糊的反馈无法提供明确的指导，可能会导致误解。
- ◎ **适度公正**：奖励要适度，不能过度夸奖，以免产生虚假的自信；惩罚要公正，不能过于严厉，以免损伤目标人的自尊心。
- ◎ **积极引导**：在惩罚时，更多的是引导目标人认识到错误并主动改正，而不是简单地施加负强化。
- ◎ **尊重个体**：每个人的心理承受能力和反应方式不同，因此在实施奖惩时要尊重个体差异，采取个性化的方法。

### 案例

小李是一名中学生，他在刚上初一的时候成绩并不理想，经常因为作业不认真而受到老师的批评。然而，小李的班主任发现，单纯地批评并不能让他进步，反而让他变得越来越消极。于是，班主任开始采取一种新的方法：每当小李在某一方面有进步时，她都会及时给予表扬和鼓励。慢慢地，小李开始对自己有了信心，学习态度也更加端正。最终，他不仅在期末考试中取得了优异的成绩，还成为班上的优秀学生代表。

这个案例展示了奖惩效应的奇妙之处：奖励的正向反馈可以激发一个人的内在动力。

## (五)奖惩之平衡

总的来说,奖惩效应是一种强大的心理工具,但使用时需要做到适度、公正、尊重个体。正确地运用奖惩效应,不仅能够改善目标人的行为,还能提升其自尊心和自信心,从而带来更长远的积极影响。

## 71 18个月效应
——我们为什么相恋，为什么不忠

你是否曾经陷入热恋，以为找到了灵魂伴侣，能够与对方共度余生？在最初的日子里，你们如胶似漆，形影不离，每一个细节都充满了浪漫和激情。然而，随着时间的推移，你是否发现这种如火如荼的情感渐渐褪色，彼此之间的"粘合力"似乎不再那么强？这就是心理学上的"18个月效应"——男女之间的激情通常只能维持18个月左右。

### （一）"18个月效应"的发现

"18个月效应"这一概念最早由美国心理学家海伦·费舍尔（Helen Fisher）提出。费舍尔通过对数千对情侣的研究发现，男女之间的激情和热恋期通常只能持续大约18个月。在这段时间里，双方沉浸在爱情的甜蜜中，情感非常浓烈。但18个月后，这种激情往往会逐渐减弱，情侣之间的互动变得更为平淡。

**案例**

张伟和李婷是一对热恋中的情侣，他们的爱情故事始于一次偶然的邂逅。两人一见钟情，迅速坠入爱河。在最初的几个月里，他们几乎形影不离，沉浸在甜蜜的二人世界中。那时的激情与新鲜感让每一天都充满了惊喜与期待。

然而，随着时间的推移，他们的关系在18个月时迎来了转折点。张伟和李婷逐渐意识到，最初的激情和新鲜感正在悄然消退。他们不再像从前那样频繁地为对方制造惊喜，日常生活中的小摩擦也渐渐增多。两人都明白，他们的关系已经进入了一个新的阶段。

面对这一变化，张伟和李婷选择了不同的应对方式。张伟感到焦虑不安，担心他们的感情会逐渐淡化，最终走向分手。而李婷则更加理性，她认为这是每段关系发展的自然过程，关键在于两人如何共同面对和适应这种变化。

为了应对这一挑战，李婷提议他们一起尝试新的活动，比如参加烹饪课程、旅行探险，或者加入兴趣小组，以此增加彼此间的互动和新鲜感。张伟虽然有些犹豫，但最终还是接受了李婷的建议。

随着他们一起尝试新事物，张伟和李婷发现，尽管热恋时的激情不再如初，但他们之间的情感联系却变得更加深厚和稳定。他们学会了在平淡的日常生活中寻找乐趣，也更加珍惜彼此的陪伴。这段经历让他们明白，爱情不仅仅是激情与浪漫，更是共同成长与相互支持的过程。

## （二）生物学机制

从生物学的角度来看，爱情的初始阶段是由大脑中特定的化学物质驱动的。多巴胺、肾上腺素和皮质醇等神经递质和激素在热恋期分泌旺盛，让情侣们感到极度的快乐和兴奋。而在大约18个月后，这些化学物质的分泌逐渐减少，情侣们进入一种更为稳定的感情状态，这种状态被称为"伴侣爱"或"深情爱"。

## （三）认知和心理机制

除了生物学因素，"18个月效应"还受到认知和心理机制的影响。在热恋期，情侣双方往往理想化对方，放大对方的优点，忽略缺点。然而，随着时间的推移，双方逐渐恢复正常，对彼此的了解也更加深入。理想化的光环褪去，现实中的各种摩擦和矛盾开始显现。这种认知上的转变会导致激情的减退。

## （四）社会和文化因素

社会和文化背景也会影响"18个月效应"。在现代社会，人们往往追求即时满足和新鲜感。长期的稳定关系可能会被视为乏味，而新鲜感则是保持激情的关键。因此，18个月后的情侣可能会感到关系变得平淡无奇，需要新的刺激来维持情感。

## （五）应对策略

- **共同经历新的事物**：尝试新的活动或旅行，可以增加彼此的共同记忆，增强情感联系。
- **沟通与理解**：定期进行深入的沟通，了解对方的需求和想法，增进彼此的理解和信任。
- **保持独立**：在关系中保持一定的独立性，可以避免过度依赖，维持新鲜感和神秘感。
- **表达感激**：经常表达对对方的感激之情，可以增强彼此的正面情感。

"18个月效应"是一种普遍存在的现象，它提醒我们恋爱关系中激情的短暂性。但这并不意味着18个月后的情侣就一定会分手，通过合理的努力和应对策略，我们完全可以克服这一效应，让爱情更加长久、美满。

## 72 闭门羹效应
——怎样让别人无法拒绝你

我们或许都有过这样的经历：当我们被拒绝一次后，再次尝试做同一件事时，反而更有可能获得成功。这种现象在心理学上被称为"闭门羹效应"，它揭示了拒绝与接受之间的微妙关系。

想象一下，某天你鼓足勇气向朋友借用一个昂贵的物品，却遭到了对方的拒绝。你可能会感到沮丧、尴尬。然而，奇怪的是，几天后你再一次提出这个请求时，对方竟然爽快答应了。这种截然不同的反应引发了怎样的心理变化？

### （一）背景

闭门羹效应，又称拒绝-后退技术，最早由心理学家罗伯特·西奥迪尼在其影响力研究中提出。这一效应基于让步原则，当一个较大的请求被拒绝后，继而提出一个较小的请求，对方更有可能接受。

在一项实验中，研究人员先要求大学生捐赠每周两小时的时间进行为期两年的辅导项目，绝大多数学生拒绝了。然而，当研究人员紧接着请求这些学生仅参与一次为期两小时的活动时，接受率却显著提高。拒绝后的让步，被认为是一种社交责任的增强，使得对方愿意妥协。

## （二）心理机制

- ◎ **相互让步原则**：人在社交互动中，通常希望达到一种平衡。当受到他人让步时，通常也会产生回馈的心理。
- ◎ **对比效应**：初始请求过大，当第二个请求相对较小时，个体感知到的负担和成本被显著降低。
- ◎ **罪恶感排解**：拒绝他人的请求会带来罪恶感，当再次面对略微降低的要求时，通过同意来消除这种不适感。

## （三）实际应用

闭门羹效应在市场营销、商业谈判以及人际关系中被广泛应用。例如，销售人员可能会故意给顾客推销高价产品，待顾客拒绝后，再推荐相对便宜的产品，顾客可能更愿意购买。

正如你向朋友第一次借贵重物品被拒绝，在再次提请求的过程中，你的朋友可能出于社交责任感，或者潜意识里想弥补最初的拒绝带来的不适感。这种心理机制不仅解释了行为上的变化，也为我们处理人际关系提供了新的视角。

闭门羹效应帮助我们理解在人际沟通中，如何巧妙地将拒绝转化为接受。它提醒我们，在面对拒绝时，不妨大胆采取新的策略，或许下一扇门就会向我们敞开。

## 73 霍桑效应
——改变一个人最有效的手段

你是否在有人注视你的时候,不自觉地调整自己的言行举止?这种微妙而普遍的现象在心理学上被称为"霍桑效应"。它的起源要追溯到20世纪20年代末到30年代初,在美国伊利诺伊州的霍桑工厂进行的一系列实验。这些实验最初致力于研究工作环境对工人生产率的影响,但最终揭示了一个更加有趣的人性特质:一旦人们意识到自己正处于观察之中,其行为往往会发生变化,无论外界条件是否真的有所改动。

霍桑效应在许多领域中具有重要影响。在教育环境中,教师的关注可能会激发学生更好地表现,它揭示了人类心里深处对认可和注意的渴望。

霍桑效应为何如此普遍且强烈?从社会心理学的视角来看,人类的行为和动机在很大程度上受到社会环境和人际互动的影响。这种效应可以理解为一种适应性行为,也就是个体对社交环境做出调整以适应或取悦观察者。从进化的视角思考,对于人类这样的社会性动物来说,被群体成员认可是生存和发展的关键因素之一。

霍桑效应可以被策略性地应用于管理和教育,以帮助提升团队的士气或学生的学习表现。知名心理学家马斯洛曾在"需求层次理论"中提到,通过良好的监督和激励,能够激发个体的更多潜能。然而,要有意识地避免滥用霍桑效应,因为过度的观察或控制可能导致个体的压力和反感,从而适得其反。

## 74 古烈治效应
### ——为什么男性更容易见异思迁

你是否常常听到这样的说法:"男人花心""男人见异思迁"。这些被贴在男人身上的标签似乎已经深入人心,但背后的原因究竟是什么?心理学家们通过多年的研究,发现了一种现象,被称为"古烈治效应"。这一概念揭开了男性在情感关系中更容易"见异思迁"的心理学奥秘。

### (一)古烈治效应的由来

"古烈治效应"这一术语最初由捷克心理学家塔博尔·古烈治(Tabor Gurajda)在1997年提出,他在研究男性和女性的情感选择时发现,男性在情感关系中更容易受到外界诱惑,表现出更多的情感不忠行为。这一现象不仅仅限于现代都市,而普遍存在于不同文化和历史时期,引起了心理学界的广泛关注。

### (二)生物学基础

从生物学角度来看,男性更容易见异思迁的现象可以追溯到人类的进化历史。进化心理学认为,男性和女性在繁殖策略上存在差异。男性倾向于与多个女性建立短暂的关系,以增加基因传播的概率。而女性则更倾向于选择一个长期稳定的伴侣,以确保后代的生存和成长。这种生物学上的差异可能是古烈治效应的一个重要基础。

## (三)社会文化因素

生物学因素提供了部分解释,社会文化因素同样不可忽视。在许多文化中,男性被赋予更多的自由和权力,女性则常常被视为需要保护和照顾的对象。这种社会性别角色的分工,使得男性更容易在情感关系中表现出不安分的行为。此外,在流量至上的媒体环境中,"成功男性"的单一形象被不断复制和放大,进一步强化了这一现象。

## (四)心理动机

古烈治效应还与个体的心理动机密切相关。男性在情感关系中更容易见异思迁,可能是因为他们更倾向于追求新鲜感和刺激。心理学家巴里·施瓦茨在其著作《选择的悖论》中指出,过多的选择反而会让人感到焦虑和不满,而新鲜的面孔和新的关系可以暂时缓解这种压力。对于男性而言,见异思迁不仅是一种生理驱动,更是一种心理需求的体现。

**案例**

小明和小红已经结婚3年，情感生活相对稳定。然而，小明在公司的年会上遇到了一名新来的女同事，她的出现让小明感到一种久违的兴奋和新鲜感。小明开始频繁与这名女同事交流，甚至考虑是否应该追求她。

这正是古烈治效应的一个典型例子：在一个看似稳定的长期关系中，男性更容易被外界的新鲜事物吸引，产生情感上的波动。

## （五）情感需求

男性在情感关系中可能更容易感到无聊和缺乏成就感。心理学家约翰·戈特曼在其著名的婚姻研究中发现，男性在长期关系中更容易感到情感上的倦怠。当他们觉得关系变得平淡无奇时，寻找新的刺激和情感满足成了一种应对机制。这并不是说所有男性都会见异思迁，但这种情感需求确实增加了他们这样做的可能性。

## （六）个体差异

值得注意的是，古烈治效应并不是所有男性的普遍现象。

个体差异在这一问题上起着重要作用。有些男性能够维持长期稳定的情感关系，而有些男性则更容易受到诱惑。这种差异可能与个人的教育背景、家庭环境、人格特质等因素有关。心理学家罗伯特·麦基（Robert MacKinnon）在《个体差异与社会行为》一书中指出，每个人的情感选择都是多方面因素共同作用的结果。

### （七）女性如何应对古烈治效应

首先，了解这一现象的生物学和社会文化基础，可以帮助女性更好地理解男性的情感选择。其次，保持情感的新鲜感和刺激，例如共同参与新的活动、保持个人魅力等，可以有效减少男性见异思迁的可能。最后，建立开放和坦诚的沟通渠道，及时解决情感中的问题，也是维持关系稳定的关键。

## 75 瓦伦达效应
### ——越在意，越失意

在一次走钢丝表演中，卡尔·瓦伦达（Karl Wallenda），这位著名的高空走索艺术家，不幸失误，跌落身亡。这起悲剧性事件不仅震撼了世界，也在心理学领域引发了深刻的思考与研究。这便是所谓的"瓦伦达效应"，一种描述因过度关注失败的后果而导致的实际失败现象。

## （一）失误的背后

瓦伦达的妻子在事后反思时提到，他有别于以往表演时的轻松自如，而是异常紧张，害怕这次走钢丝失败。心理学家认为，这种过于关注可能失败的心态侵扰了他的专注力和平衡感，导致了他最终的不幸结局。美国心理学家科斯塔·迪安（Costa, P. T., Jr.）和麦克瑞（McCrae, R. R.）的研究指出，个体在面对压力或高度风险任务时，心理焦点的偏移会对其表现产生显著影响。

## （二）成就与焦虑的两面

"瓦伦达效应"不仅限于高空走索等极限挑战，它在生活中亦无处不在。很多人在重大考试、工作项目或人生重大选择中有过类似经历。他们受困于担忧失败的后果，而非专注于将事情做到最好。哈佛大学心理学教授埃伦·兰格（Ellen Langer）将这一现象比喻为"心智定式"，即因过度关注某一结果而使心理预期自我实现。

## （三）如何避免"瓦伦达效应"

◎ **重视过程而非结果**：将注意力转向如何更好地完成当前任务，而不是过分担心结果。
◎ **发展正念习惯**：通过每日练习冥想或专注呼吸，提高自我觉察和当下专注能力。
◎ **逐步设定小目标**：分解任务，逐步完成，降低整体目标的压力。

## 76 淬火效应
## ——在挫折与冷静中成长

生活中,不论是工作、学习还是人际关系,我们常常会遇到突如其来的压力和挑战。这些挑战有时会让我们感到身心俱疲,甚至产生放弃的念头。然而,你是否想过,这些看似负面的经历实际上可能在不经意间塑造了你的心理韧性,使你变得更加坚强和成熟?心理学上有一个术语叫"淬火效应",它揭示了这一神奇的过程。

### (一)什么是"淬火效应"

"淬火效应"来源于金属学中的一个概念,即通过高温加热再迅速冷却,金属材料的内部结构会变得更加稳定,强度和硬度也会显著提升。心理学家将这一原理应用到人类的心理发展过程中,认为人们在经历重大压力或逆境后,如果能够得到适当的恢复和支持,心理韧性会得到显著增强。这种犹如"洗礼"般的经历,使个体更强大,更能适应未来的挑战。

### (二)淬火效应的心理机制

心理学研究表明,淬火效应并非简单的"压力越大,人越坚强"。相反，它是一个复杂的过程，涉及多个心理机制的相互作用。

◎ **认知重构**：当个体面对压力时，为了避免被压垮，往往重新审视自己的思维模式，调整对压力的看法。这一过程可以帮助个体从消极的视角转向积极的视角，从而更好地应对挑战。例如，班杜拉提出的自我效能理论认为，通过成功的应对，个体的自信心会得到提升，进而增强心理韧性。

◎ **情绪调节**：压力和逆境常常会让个体产生负面情绪，如焦虑、沮丧或愤怒。个体在产生这些情绪后，如果能够有效地进行情绪调节，如通过冥想、运动或与亲友交流，这些负面情绪会被逐渐化解，心理韧性也会随之增强。例如，克罗克（Ray Kroc）的研究发现，情绪调节能力与心理韧性密切相关。

◎ **社会支持**：在经历压力的过程中，来自家人、朋友、同事或专业人士的支持，可以显著减轻个体的焦虑和压力，提高应对能力。这种支持不仅提供了实际的帮助，还增强了个体的归属感和自尊心。例如，科恩（Cohen）的研究表明，社会支持是心理韧性的重要因素之一。

◎ **行为适应**：个体在面对逆境时，必须采取一系列适应性行为来应对压力。这些行为包括寻求资源、改变策略或调整目标。通过这些适应性行为，个体逐渐学会如何在未来的压力面前保持冷静和理智。例如，布莱克（Blake）的研究指出，行为适应是淬火效应的重要组成部分。

## 案例

小张是一名普通的大学生,他性格开朗,学业成绩优异,对未来充满了希望。然而,一场突如其来的车祸彻底改变了他的人生。在车祸中,他失去了右腿,不仅生理上遭受了巨大的痛苦,心理上也经历了前所未有的打击。

初始阶段:车祸刚发生时,小张陷入了绝望之中。他无法接受自己失去了一条腿的事实,对未来充满了恐惧和不安。他开始逃避现实,不愿与人交流,几乎把自己封闭起来。这段时间,他经常感到焦虑和沮丧,甚至有过放弃的念头。

家人和朋友的支持:小张的家人和朋友没有放弃他。他们不断地鼓励他,带他去医院进行康复治疗,陪他度过每一个难熬的日子。他的母亲每天陪他做康复训练,父亲则经常跟他分享自己的人生经历,告诉他每个人都会遇到困难,关键是如何面对。朋友们也经常来看望他,陪他聊天、听音乐,帮助他重新找回生活的乐趣。

康复过程中的认知重构:在家人和朋友的支持下,小张开始接受自己的现状。他开始阅读关于残疾人的励志故事,通过这些故事,他意识到自己并不是孤立无援的,很多人在类似的困境中依然取得了成功。他开始重新审视自己的人生目标,从过去的追求完美转变为追求内心的平和与满足。这一过程帮助他逐渐摆脱了消极情绪的困扰,重新树立了信心。

情绪调节：为了更好地调整自己的情绪，小张开始尝试一些情绪调节的方法。他每天坚持冥想，放松身心，减少焦虑。他还参加了学校的心理支持小组，与有类似经历的同学交流，分享自己的感受和应对策略。通过这些方法，小张逐渐学会了管理和调节自己的情绪，变得更加平和和理智。

行为适应：小张意识到，光有心理上的调整是不够的，他还需要通过实际行动来适应新的生活。他开始尝试使用假肢，虽然初期非常困难，但他坚持不懈，最终学会了自如地行走。他还报名参加了残疾人运动会，通过参加运动项目，如轮椅篮球和残疾人田径，逐渐找回了对生活的热爱和信心。在运动过程中，他结识了很多志同道合的朋友，这些朋友不仅给了他实际的帮助，还成为他心理上的支持。

最终结果：经过一段时间的努力和调整，小张不仅恢复了正常的生活，还在大学的运动会上取得了优异的成绩。他成了一名心理韧性极强的人，不仅能够更好地面对生活中的各种挑战，还成了同学们的榜样。他开始在全国各地的学校和社区做演讲，分享自己的经历，鼓舞更多的人面对困难时不要放弃。

## （三）淬火效应的适用范围

淬火效应不仅适用于个人发展，还广泛应用于组织管理、团队建设等领域。在企业中，适当的压力和挑战可以激发员工的潜力，提高团队的整体效能。但需要注意的是，这种压力必须是适度的，过度的压力可能会导致个体崩溃，从而产生相反的效果。

## （四）如何科学地利用淬火效应

- ◎ **设定合理的目标**：目标太大或太小都不利于激发个体潜能，设定适度挑战性的目标，可以帮助个体逐步提升心理韧性。
- ◎ **提供支持**：无论是个人还是团队，都需要在面临压力时得到有效的支持。这种支持可以来自身边的人，也可以来自专业的心理咨询师。
- ◎ **培养适应能力**：学会在逆境中调整行为和策略，是淬火效应的关键。通过不断学习和实践，个体可以更好地应对未来的挑战。

淬火效应不仅是心理学的一个重要概念，更是我们在生活中可以实际应用的策略。面对压力和逆境，我们不应该恐惧，而应该勇敢面对，并在适当的支持下，逐步提升自己的心理韧性。只有经历过"淬火"的洗礼，我们才能真正地成长和强大。

# 第三章 思维与行为模式

##  心理防御机制
——它是帮助我们避过当下危机的潜意识策略

心理防御机制,最初由弗洛伊德提出,是人类在面对精神痛苦时无意识地进行自我保护的方式。这些机制有时如同一个魔法,帮助我们避过当下的危机,但也可能成为阻碍自我成长的桎梏。例如,当你对某人心存怨恨却在见面时和颜悦色,这或许正是一种典型的心理防御——表面上是和谐,内心却是暗流涌动的"压抑"。

### (一)心理防御机制的多样性

弗洛伊德认为这些机制是个体用来对抗焦虑、保护自我免受心理痛苦的无意识策略,如下:

◎ **否认**:无视现实存在的事实,以避免承受痛苦。
◎ **投射**:将自己不愿承认的缺点归咎于他人。
◎ **合理化**:为自己的不当行为寻找合理的借口。
◎ **压抑**:无意识地将不愉快的记忆和想法压入潜意识。

通过这些策略,我们得以暂时逃离痛苦的真相,却也可能因此远离真正让我们成长和觉醒的机会。

## 案例

小梅是一名善良且感性的女性,她和男友阿强已经交往两年。最近,她发现阿强对她的意见不如从前那么在意,甚至忘记重要的纪念日。小梅开始感到不安和不满,心中隐隐担忧这段关系可能已经出现问题。

一天晚上,小梅偶然在阿强的手机上看到一条他与某名女性朋友的聊天记录。虽然聊天内容只是普通的友好交流,但小梅心中却升起了一股强烈的不安和妒忌。她的直觉告诉她,男友对自己的感情变了。

从小梅所经历的情感波动中,我们可以识别出多种心理防御机制的运作。

投射:小梅因缺乏安全感,而将自己的焦虑和不信任投射到阿强身上,认为他可能移情别恋了。这样,小梅避免了面对自己不安全感的根源,转而将问题归咎于阿强。

否认:她可能会否认阿强在意她的事实,尽管实际上他们的关系并没有明显变化。这样的否认帮助她逃避直面关系中可能存在的问题。

压抑:她试图压抑自己对这段关系的疑虑,表现出一切正常,以免伤害到彼此之间的感情。这种压抑让她能够继续维持表面上的和谐,但同时也在内心积累了不满。

心理防御机制在短期内帮助我们减缓情绪冲击,但只有直面真实的情感需求和关系中的问题,才能增进两个人之间的理解。

## （二）防御还是阻碍

心理防御机制在无形中保护我们的同时，也可能成为我们成长的羁绊。一个过于依赖防御机制的人，很可能会在面对实际问题时犹豫不决，从而留在原地，无法超越自我。这个机制虽在日常生活中为我们提供了情感庇护，却也无形中筑起了一道心灵之墙，需要我们去了解，去调和。

# 78 250 定律

——我们与周围人的关系,究竟能对我们的生活产生多大的影响

心理学中有一个名为"250定律"的概念。这个定律并不是一个简单的数据统计,而是隐藏在人际交往中的一个规律。它的提及总能引发人们的思考:我们与周围人的关系,究竟能对我们的生活产生多大的影响?

## (一)起源

250定律的起源可以追溯到美国著名推销员乔·吉拉德(Joe Girard)的销售生涯。他在推销过程中,意识到每名客户背后大约有250名亲戚、朋友和同事可能会受其影响。这一观察引发了一个重要的思考:每个人的社交圈在无形中扩展了个人的影响力。因此,若能赢得一个人的"信任",就有可能影响其整个社交圈。这成为吉拉德成功推销的基石。

## (二)心理学视角

从心理学的视角来看,250定律触及了人际关系的核心。它强调了信任与关系质量对传播效果的重要性。根据社会渗透理

论，我们与他人的关系从表面逐渐深入，每一层深入不仅仅是质的变化，更可能带来量的转变。塔尔德的模仿律则说明了这种影响的扩散机制：当人们受到可信赖的他人推荐时，采纳某种观点或产品的可能性大大增加。

250定律在心理学实验中也被间接验证。例如，米尔格拉姆的"小世界实验"显示，人与人之间六度分隔的社交网络效应，强调了社会连接的广度和深度对信息和影响力传播的关键作用。虽然250这个数字并不严格，但它展示了人际网络中潜在的巨大力量。

## （三）实际应用

在销售、市场营销甚至个人生活中，能都看到250定律的影子。许多企业开始重视"社交货币"的作用，通过提升顾客的忠诚度来扩大其影响力。同样地，在个人生活中，建立深厚的人际关系可以在关键时刻获得支持与资源。

## 79 认知重构
### ——改变"非黑即白,一分为二"的思维方式

你是否有过这样的经历?生活中发生了一些小事,或许是朋友的一句无心之言,或许是工作中的一个小失误,本来无关紧要,可你却一遍遍地想它,甚至觉得它像一颗定时炸弹,随时会引爆。这些事情本身并不大,却在你的脑海中被无限放大,困扰着你,影响着你的情绪和行为。

### (一)我们的大脑喜欢"制造麻烦"

其实,这是我们认知的一部分。我们的大脑有时像一个顽皮的解读器,会将一些中性事件解读为威胁、失败或挫折。一次无关紧要的工作失误可能会被脑补成"我能力不行""我会被辞退",一条未读的消息可能会被解读成"他不在乎我了"。这样的思维方式不但让我们情绪低落,还可能让我们陷入更深的焦虑和自我怀疑。

### (二)我们的大脑究竟为什么会这样

这背后有一个心理学原理,叫认知扭曲。认知扭曲是一种思

维习惯，它使我们对事物的看法偏离现实。例如，夸大事件的负面影响，忽略正面信息，过度归咎于自己等都是认知扭曲的典型表现。而当这种扭曲的思维方式持续存在时，焦虑、抑郁等负面情绪就会不断累积。

有一种方法能够打破这种思维的束缚，那就是认知重构。

认知重构是一种心理治疗技术，旨在帮助我们识别并挑战那些错误、消极或不合理的思维，重新构建更健康、更现实的认知方式。通俗一点讲，就是我们可以通过训练自己的大脑，将那些原本让我们感到焦虑的想法进行"重新装修"，让它们不再成为困扰我们的源头。

假设你正在准备一次重要的工作汇报，突然你想起上次汇报时的某个小错误。你开始觉得自己不够优秀，认为这次汇报也会像上次一样搞砸。接着，这种想法开始蔓延——"我不适合这份工作""大家一定觉得我很差劲"。

认知重构会如何帮助你呢？第一步，你要识别出这些自动产生的消极想法，然后问自己："这些想法真的可信吗？"你可能会发现，其实上次的汇报表现还算不错，那个小错误根本没有影响最终结果。第二步，考虑更合理、更健康的替代思维。也许你可以告诉自己："这次我准备得很充分，不会重复同样的错误。"

这并不是自我欺骗，而是从一个更真实、更客观的角度去看待自己和周围的世界。长此以往，这种练习会帮助你慢慢打破那些束缚你的负面思维，让你的大脑学会用更健康的方式看待问题。

## （三）科学的背后

认知重构的有效性已经得到了大量科学研究的支持。它是认知行为疗法（CBT）的核心技术之一，广泛应用于治疗抑郁症、焦虑症、强迫症等心理障碍。研究表明，认知重构不仅能帮助个体缓解症状，还能长期改善他们的心理健康。

例如，阿伦·贝克（Aaron T. Beck）等人的研究表明，认知行为疗法能够有效减少抑郁症患者的负面思维并帮助他们重建积极的生活态度。近年来，更多研究发现，认知重构还能提高个体的应对能力，使他们在面对压力和挑战时更加从容不迫。

## （四）准备好启动你的大脑魔法了吗

听起来很美好，是不是？但认知重构并不是一件轻而易举的事。它需要我们不断自我觉察、练习，有时还需要专业人士的引导。如果你想尝试，不妨从今天开始，观察自己对事情的第一反应，并问自己："我是不是过度夸大了某个负面结果？"或者"有没有更合理的解释？"

 # 焦虑性思维
——为什么你总是往坏处想

你是否注意到:有些人在面对困难时,总是不由自主地想象一些负面甚至极端的结果?这种思维模式被称为"焦虑性思维",它不仅会让人感到恐惧,还会严重影响生活质量和心理健康。了解焦虑性思维的根源和应对方法,能帮助你摆脱恐惧,重拾内心的宁静。

## (一)什么是焦虑性思维

焦虑性思维是一种情绪化且负向的思维模式,表现为个体在面对不确定性和潜在威胁时,常常过度担心并预想最坏的结果。这种思维不仅会让人感到持续的不安和紧张,还可能导致身心疲惫、情绪低落,甚至发展成为焦虑症或强迫症。心理学研究表明,焦虑性思维与个体的早期成长环境和家庭关系密切相关。

## (二)焦虑性思维的成因

北京师范大学心理学院的一项研究指出,焦虑性思维的形成与个体的童年经历有着直接的关系。特别是父母在孩子成长过程

中缺乏足够的物质和情感支持，会导致孩子在成年后更容易出现焦虑性思维。这项研究通过对1000多名成年个体的问卷调查和深度访谈，发现父母的情感冷漠、物质匮乏以及过度保护等行为，是造成焦虑性思维的主要因素。

### 案例

李华是一名32岁的企业员工，每天工作都感到不堪重负。每当有新的项目或任务时，他总是担心自己会失败，甚至想象自己会被开除。这种持续的负面思维让他感到极度疲惫，严重影响了工作效率和生活质量。他的童年并不幸福，父母都是忙碌的商人，很少有时间陪伴他。李华记得，小时候每当他表现出情绪低落或需要帮助时，父母总会说："你太娇气了，要学会独立。"这种情感上的忽视让他从小缺乏安全感，成年后更容易陷入焦虑性思维的泥潭。

## （三）焦虑性思维的影响

焦虑性思维不仅会影响个体的情绪状态，还会对人际关系、职业发展等方面产生深远的影响。长期处于这种思维模式下，个体可能会变得过度敏感、多疑，甚至出现社交恐惧。焦虑性思维是一种心理防御机制，但过度使用会导致心理负担加重，甚至引发更严重的心理问题。

### 案例

小美是一名28岁的年轻妈妈，她的婚姻生活并不如意。每当丈夫晚归或工作繁忙时，她总会担心丈夫出轨或公司在压榨他。这种过度的担忧让她与丈夫的关系日益紧张，甚至导致家庭矛盾不断。小美回忆起自己的童年，父母经常因为工作忙碌而无法照顾她，这让她从小就感到被忽视和不安。成年后的她，这种不安感依然如影随形，严重影响了她的婚姻生活质量。

## （四）如何应对焦虑性思维

- ◎ **认知行为疗法**：通过专业心理咨询，帮助个体识别和改变负面的思维模式，学会用更积极和现实的方式来应对困难。
- ◎ **正念冥想**：通过练习正念冥想，培养当下的意识和接受感，减少对未来的过度担忧。
- ◎ **情感支持**：寻求家人、朋友或心理咨询师的情感支持，表达自己的感受和需求，获得更多的理解和支持。
- ◎ **自我关爱**：关注自己的身心健康，定期进行运动、放松和娱乐活动，提高自我价值感和自信心。

通过以上方法，你可以逐步摆脱焦虑性思维的困扰，重新找回内心的平静与自信。

## 81 周哈里之窗

——每个人都有自己的盲点,最大的盲点就是维护自己的盲点

试想一下,一位老朋友突然告诉你"其实,你给人的感觉一直是有点冷漠",你惊讶、错愕甚至有些生气吧?这就是周哈里之窗的奥秘——一个帮你审视自我认知与人际关系的经典心理学模型,帮你揭开个人内心深处那些连自己都未曾察觉的秘密。

### (一)什么是周哈里之窗

周哈里之窗是由美国心理学家约瑟夫·卢夫特(Joseph Luft)和哈里·英格翰(Harry Ingham)在1955年提出的心理学模型。这个名字正是取自两位创始人的名字缩写。这个模型通过一个四格窗口,帮助我们理解人类的自我意识和他人对我们的认知方式。它将我们对自己的了解与他人对我们的了解分为四个象限。

◎ 开放区(Open Area):已知于己,亦知于人。这是我们和他人都知道的自己,比如你的外貌、喜好、公开表达的情绪等。这个区域越大,人与人之间的沟通就越顺畅。

- ◎ 盲区（Blind Area）：未知于己，却被他人所知。就像开头的例子，你可能认为自己待人温和，但别人却感到你冷漠。我们很少关注这个区域，它往往充满了意外。
- ◎ 隐私区（Hidden Area）：已知于己，但不为他人所知。这个区域隐藏着你不愿或害怕让他人知晓的秘密，如未表露的恐惧、情感伤疤。
- ◎ 未知区（Unknown Area）：未知于己，亦未知于人。这个区域象征着我们的潜力和无意识深处的部分，它是未来可能被开发的领域，蕴藏着无尽的可能性。

## （二）为什么盲区如此危险

盲区中的信息往往会带来我们难以预料的社会问题。想象一下，你自信满满地在一次会议上表达自己的观点，认为自己表现出色，但在你不知情的情况下，别人的评价却截然不同："他讲的话听起来太傲慢了。"这种认知落差可能会成为人际冲突的源头。

心理学家研究表明，自我认知的偏差常常是社交问题的根源之一。哈佛大学心理学博士戈尔曼（Goleman）的研究指出，自我觉察是情商的重要组成部分，而周哈里之窗的盲区正是阻碍我们提升情商的障碍之一。

## （三）如何扩大开放区

- ◎ 寻求反馈：真诚地询问朋友、同事对你的看法，试着不要为他们的反馈辩解，而是聆听并思考。
- ◎ **自我揭露**：尝试与信任的人分享一些你从未公开过的想法，适当的自我揭露能建立更深的人际信任。
- ◎ **练习自我觉察**：定期进行冥想、日记记录等反思活动，帮助你发掘更多内心的情绪和动机。

## （四）你敢进入未知区域吗

未知区令人敬畏却充满魅力。或许，你一直认为自己是一个内向的人，但某次公共演讲的经历却让你发现，原来你也有成为出色演讲者的潜质。未知区象征着那些我们尚未挖掘的潜力，需要不断尝试和探索。

## （五）认知自己，从盲区开始

周哈里之窗提醒我们，真正的自我成长，往往不是来自我们已经知道的部分，而是那些尚未察觉的盲点。每一次发现盲区，都是一次自我提升的机会。而只有当我们敢于坦然面对自己的盲点和隐藏区，才能真正走进未知的可能性，迎接全新的自我。

 **矛盾型依恋**
——让你对亲密关系既渴望又恐惧

你是否在夜晚无数次看手机,期待那个人的信息?可当信息来了,你却又不知该如何回复,不是因为没有话题,而是心底有一种挥之不去的矛盾感。你微微自嘲,这不过是孤单的夜晚作祟罢了。但真的是这样吗?

## (一)什么是矛盾型依恋

这是一种非常典型的心理现象,被称为矛盾型依恋。矛盾型依恋是依恋理论中的一种类型,由心理学家玛丽·艾因斯沃斯(Mary Ainsworth)在20世纪70年代首次提出。在这种依恋中,个体对亲密关系具有双重性的需求:一方面渴望亲密和依赖,另一方面又惧怕被拒绝和抛弃。正是这种内心冲突,导致他们在面对亲密关系时很焦虑。

根据约翰·鲍尔比和艾因斯沃斯的研究,依恋模式通常在早期儿童与主要照顾者的互动中形成。矛盾型依恋的个体可能在童年时经历过不一致的照顾——照顾者有时满足他们的需求,有时又冷漠疏远。这种不一致让他们在成年后对亲密关系充满了不确定性。

## （二）矛盾型依恋的表现

- **过度追求亲密**：个体总是要一再确认对方的感情，因为内心深处不相信自己值得被爱。
- **情绪波动剧烈**：个体在亲密关系中容易产生强烈的情绪反应，可能会因为微小的变化感到极度不安。
- **关系中的反复无常**：个体一方面急于接近伴侣，另一方面又常常因为害怕被拒绝而突然抽离。

这种情感模式导致个体在人际关系中往往处于一种"拉锯战"的状态，无论是在亲密关系还是其他人际交往中，都难以达到内心真正的平衡与满足。

### 案例

小丽是一名28岁的年轻女性，外表开朗自信，但她的朋友们却不太了解她在亲密关系中的挣扎。小丽的男友李明是一个温柔体贴的人，但小丽总是感到内心不安。每当李明没有及时回复她的信息时，她就开始反复思考是不是自己哪里做错了，甚至冒出"他是不是不爱我"的念头。

在一次争吵后，李明决定暂时冷静一下，于是告诉小丽他需要一点时间整理思绪。这句话让小丽感到无比慌乱，她害怕这段关系就此结束，于是开始频繁地给李明发信息，不停地打电话，希望得到他的安慰。然而，这样的行为却让李明感到窒息。

小丽的不安情绪源自她的童年。她的母亲常常忙于工作，有时能够给予她很大的支持和关爱，有时又对她极为冷漠。小丽在这种不稳定的爱的环境中长大，形成了一种对爱的强烈渴望与对失去的深深恐惧。成年后，这种矛盾的依恋模式伴随着她的每一段关系。

意识到问题后，小丽决定寻求帮助。在心理咨询的过程中，她开始了解自己的情感模式并学会如何更好地管理自己的情绪。通过与咨询师的合作，她逐渐能够分辨源于现实的问题与自己内心不安的幻影。

在李明的支持下，他们的关系逐渐走上正轨。小丽开始学会给予对方空间，同时用健康的方式表达自己的需求与不安。他们一起参加沟通技巧的课程，增强了彼此的理解与信任。最终，小丽学会了在亲密关系中保持平衡，不再被矛盾型依恋困扰。

---

小丽的故事告诉我们，即使深陷矛盾型依恋，通过自我觉察和努力改变，依旧可以培养出稳定而健康的亲密关系。这是一段充满挑战与成长的情感旅程，也为我们每个人提供了关于爱的启示。

## （三）如何摆脱矛盾型依恋

改变依恋模式不是一蹴而就的事，但了解自身的行为模式是迈向健康关系的重要一步。

- ◎ **自我反思与自我觉察**：认识到自己的依恋类型及其对关系的影响，接纳自己的不安感并不等于拒绝自身的价值。
- ◎ **改善沟通技巧**：学习更好的沟通方法，以健康的方式表达需求和情感，避免用矛盾行为来引起对方注意。
- ◎ **心理咨询与治疗**：在专业人士的指导下，通过认知行为疗法等方式，逐步调整自己的依恋模式。
- ◎ **培养自我价值感**：通过发展个人兴趣和增强自我能力，来促进自我认同感，从而降低对他人认同的需求。

 ## 反向形成

——你是否有嘴上说不在乎的人或事,但内心却非常在乎

你有没有遇到过这样的人?他们嘴上越是说不在乎,内心其实越是在乎。这是心理学上的一个有趣概念——反向形成。

反向形成简单来说,是指当一个人在内心深处对某事或某人感到强烈的情感时,可能会用完全相反的行为和言语来掩饰自己的真实情感。这种机制通常作为一种心理防御手段,用来缓解内心的冲突和不安。你或许听过这样的话:"恨有多深,爱就有多深。"这实际上就是反向形成的通俗表达。

### (一)反向形成的背后

反向形成的概念最早由弗洛伊德提出,他认为这是一种潜意识中的自我保护机制。当一个人内心的情感与社会规范、道德标准或个人价值观发生冲突时,他可能会通过反向行为来减轻内心的焦虑和不安。例如,一个内心深处喜欢某人的个体,可能会对外表现出极端的厌恶和反感,以此来掩盖真实的感情。

## （二）反向形成的心理机制

反向形成之所以会发生，是因为个体在面对内心冲突时，需要找到一种方式来维持心理平衡。这种心理平衡的机制通常包括以下几个方面。

◎ **潜意识的防御**：个体内心的冲突和不安往往被潜意识所察觉，他通过反向行为来减轻这种冲突。

◎ **社会规范和价值观**：在一些情况下，个体的内心情感与社会规范和价值观相悖，他会用反向行为来符合外界的期望。

◎ **自我认同**：个体可能会通过反向行为来维护自己的自我认同，避免因情感的暴露而感到尴尬或羞愧。

## （三）如何识别反向形成

识别反向形成并不容易，但它通常有一些明显的迹象：

◎ **极端的情绪反应**：当一个人对某事或某人的反应过于强烈，尤其是负面情绪，这可能是反向形成的信号。

◎ **矛盾的行为**：言语和行为之间的不一致，比如嘴上说讨厌，但行动上却表现出关心。

◎ **反复无常的态度**：态度的反复变化，尤其在面对同一对象时，也可能是反向形成的表现。

## （四）反向形成的应对

了解了反向形成的机制后，我们该如何应对这种情况呢？

- ◎ **自我觉察**：通过自我反思和觉察，识别自己的真实情感和动机。这可以通过写日记、冥想等方式实现。
- ◎ **寻求支持**：与信任的朋友或心理咨询师交流，获得外部的支持和建议。
- ◎ **正面表达**：尝试用更直接和正面的方式表达自己的情感，而不是通过反向行为来掩饰。

内心的真实情感，往往藏在最不显眼的地方。只有勇敢面对，才能真正释怀。

## 84 代际传递

——父母意识不到自己的问题,以代际传递方式将同样的问题传给下一代

你是否思考过:为什么你有时候会不自觉地说出与父母相似的话或做出相同的反应?这种看似偶然的行为,背后隐藏着一个深刻的心理学概念——代际传递。难道我们真的是父母观念和行为的延续吗?

### (一)代际传递的双重路径

代际传递,顾名思义,是指家庭中某一代的思想、价值观、行为模式如何对下一代产生影响。在心理学研究中,代际传递包括遗传因素和环境因素两方面的综合作用。遗传因素当然不可忽视,但环境在代际传递中的作用更加微妙,它透过无形的教导和潜移默化的影响塑造我们的性格和行为。

哈佛大学心理学家约翰·鲍尔比的研究表明,父母的教养方式对儿童的情感发展有着重要影响。这种情感上的连接并非仅限于儿童时期,对个体成年后的情感处理能力也有深远的影响。

## （二）价值观与信仰的传递

价值观和信仰是代际传递的核心。这些价值观并不是通过直接的说教形成的，而是通过日常生活中的点滴渗透到我们内心深处。例如，敬业工作的父母可能会潜移默化地让孩子认为职业成功是人生的重要指标。

加州大学洛杉矶分校的一项研究指出，家庭氛围和父母的态度对子女的自我认同感有显著影响。这意味着即使是一些微小的行为，比如每日的晚餐对话，也会传递出父母未曾明说的价值观。

## （三）行为模式的继承

每个人的行为模式都是家庭长河中的一部分，随着时间的推移缓缓流入每个家庭成员的心田。家庭中经常发生的对话类型和冲突处理方式，会在不经意间被植入子女的行为反应中。

心理学家托马斯·戈登（Thomas Gordon）提出，家庭中的沟通模式会极大地影响子女解决冲突的能力与方式。具体来说，如果父母善于解决冲突，孩子通常也会发展出类似的能力。

**案例**

①

**背景**：小明发现自己在遇到挫折时，常常会感到沮丧并倾向于躲避问题。他的父亲是一名忙碌的商业人士，在工作中遇到困难时经常显得烦躁不安，回家后选择沉默不语或者独自喝酒。小明的母亲则避免与父亲发生正面冲突，经常通过转移注意力的方式来疏解家庭的紧张气氛。

**分析**：小明无意识地模仿了父亲的情绪管理方式——逃避问题而不是直面解决。在这样的家庭环境中，孩子可能没有学会健康的情绪处理技巧，因为缺乏积极的榜样。

②

**背景**：小华来自一个有着长久贫困历史的家庭。他的祖父母经历过战时饥荒，父母则常常谈到生活中的不确定性和遇到的困难。小华在成长过程中，家中经常提到"生活不易，要随时准备接受最坏的结果"。

**分析**：这样的家庭氛围导致小华在长大后采取消极、谨慎的生活态度，对未来充满焦虑，难以冒险。小华在职场上表现出对不确定任务和创新机会的恐惧，往往选择稳定但缺乏挑战的任务。在意识到这种代际传递对自己的影响后，小华通过阅读和专业帮助后，打破了这种消极的思维模式，尝试更积极地看待生活中的变化。

代际传递并不是不可改变的宿命，而是一个可以被打破的循环。意识到代际传递的存在，是迈出改变的第一步。理解个人成长过程中的外部影响，以及如何在此基础上做出独立的决策，能够帮助下一代培养更加多元、更为自主的个体意识。

## 85 吹狗哨式虐待
——比 PUA 更可怕的虐待

你是否有过这样的经历：有人用貌似无害的话语让你感到不安、愤怒，甚至怀疑自己的感受？这可能并不是你的错觉，而是你不自觉地成了"吹狗哨式虐待"的受害者。这是一种隐秘且极具破坏性的情感虐待方式，施虐者利用模棱两可的语言来激怒或羞辱他人，使受害者在无形中承受情绪和心理上的压力。

### （一）吹狗哨式虐待的心理机制

吹狗哨式虐待的核心特点在于其隐蔽性。施虐者通过看似平常甚至友善的话语，暗藏伤害性的信息。这种语言可能包含轻蔑、讽刺、质疑或贬低，受害者凭直觉感受到攻击，却难以具体指出问题所在。研究表明，吹狗哨式虐待是亲密关系中虐待的一种形式，且极难被外界发现。

施虐者精心组织语言，使其打击对象产生自我怀疑或感受到不当的羞耻感，同时在他人面前保持无辜的形象。这种心理操控在家庭、工作场合以及社交圈中都可出现。由于语言的模糊性及其情景适应性，受害者常常会被逼迫到愤怒或情绪崩溃的边缘，而施虐者则以退为进，使受害者的情绪失控看似没有正当理由。

## （二）吹狗哨式虐待的后果

吹狗哨式虐待给受害者带来的心理创伤是深远的，严重时可能导致受害者焦虑、抑郁和自我价值感的下降。长时间的模糊攻击会使受害者自我怀疑，进而削弱其对现实的判断能力。深入的心理研究表明，长期处于这种虐待环境中的个体，往往表现出低自尊、强烈的孤独感以及社交回避行为。

此外，这种情感虐待模式可能导致复杂的心理问题，包括创伤后应激障碍（PTSD）等。精神分析学家克莱因（Klein）的研究指出，受害者在遭受暗示性攻击后，需长时间的心理治疗方能恢复。

## （三）如何识别与应对吹狗哨式虐待

识别吹狗哨式虐待需要敏锐的观察和对互动模式的反思。留意那些让你持续感到不安或贬低的语言，通过与信任的人沟通，获得外部视角的支持，在需要时寻求专业心理帮助。

建立自我防护机制对抗这种虐待形式，最重要的是重建自我价值感。学习情感管理技巧和保持清晰的心理界限有助于抵御这种隐形的攻击。

## 86 穷思竭虑
——很多人有的一个坏习惯

你是否曾因反复思考某个问题而感到疲惫不堪？我们常常会被各种琐事困扰，甚至到了夜不能寐的地步。但你知道吗？这种反复思考同一个问题，甚至陷入无限循环的状态，在心理学上被称为"穷思竭虑"。

### （一）什么是穷思竭虑

穷思竭虑在心理学中通常被称为"反刍思维"。反刍思维是指人们在面临困境或负面情绪时，反复思考自己的问题、情绪和过去的行为，却无法采取有效行动来解决问题。这种思维模式不仅会让人感到疲惫和沮丧，还会进一步加剧负面情绪，甚至引发焦虑和抑郁等问题。

**案例**

小张是一名刚毕业的年轻人，在一家繁忙的互联网公司工作。最近，他因为一个项目出现严重延误，受到了领导的严厉批评。自那以后，小张开始陷入反刍思维，不停地反思自己为什么会在项目中犯错，为什么领导会如此严厉地批评他，甚至怀疑自己的能力是否适合这份工作。

每天下班后，小张都会独自在房间里回顾当天发生的一切。他不断问自己："我错在哪里？我为什么没有早点儿发现问题？领导会不会对我失去信心？"这些问题像一个无尽的漩涡，将他牢牢困住。随着时间的推移，小张越来越感到疲惫不堪，工作效率也大幅下降。

## （二）反刍思维的影响

反刍思维不仅会消耗大量的心理资源，还会影响人们的生理健康。研究表明，长期陷入反刍思维的人容易出现睡眠障碍、免疫力下降等问题。此外，反刍思维还会加剧负面情绪，使人陷入情绪低谷，进而影响人际关系和生活质量。

根据《中国心理卫生杂志》2023年的一项研究，超过一半的受访者表示在过去一年内曾经历过反刍思维，而其中近70%的人出现了不同程度的焦虑和抑郁症状。这表明反刍思维在现代社会中是一个普遍存在的问题，需要我们高度重视。

## （三）如何应对反刍思维

◎ 认识反刍思维：首先，你需要意识到自己是否陷入了反刍思维。当你发现自己反复思考同一个问题却无法找到解决办法时，这可能就是反刍思维的迹象。

- ◎ **分散注意力**：尝试做一些自己喜欢的事情，如运动、阅读或与朋友聚会，以分散注意力。研究表明，适量的运动可以有效缓解焦虑和抑郁情绪，帮助人们从反刍思维中解脱出来。
- ◎ **寻求支持**：与家人、朋友或心理咨询师交流自己的困惑和焦虑。通过倾诉，你可以获得他人的支持和建议，从而更好地应对问题。
- ◎ **制定行动计划**：将注意力从过去的问题转移到当前可以采取的行动上。制定一个具体的行动计划，逐步解决当前的困境。例如，小张可以与领导沟通，了解具体的批评意见，并制定改进方案。
- ◎ **正念冥想**：通过正念冥想技术，帮助自己回到当下的实际生活中，减少对过去和未来的过度担忧。正念冥想可以帮助你更好地管理情绪，提高心理韧性。

 **防御性利他主义**
——你真的在为别人好吗

我们常会遇到这么一类人,他们似乎总是无私地为他人着想。

然而,你是否怀疑过这些"好意"背后的真正动机?心理学上有一个词——防御性利他主义,指的是一些看似关心他人的行为,其实是为了满足施惠者自身的心理需求。这种现象复杂且微妙,更让人难以察觉。

## (一)防御性利他主义的真实动机

**案例**

张丽是个热心肠,对周围的人常常表现出极大的关心。她经常主动帮助同事完成工作,在朋友遇到困难时,总是第一时间伸出援手。看似无所不能的她,在大家心目中是一个"完美的好人"。然而,随着时间的推移,她的同事们渐渐发觉,张丽的帮助总是在一些特定的时刻出现,且她在帮助别人后,总会显得特别开心、满足。

张丽的好意是否真的是出于对别人的关心?

## （二）防御性利他主义的心理机制

防御性利他主义其实是一种自我保护机制。个体在帮助他人的过程中获得了心理上的满足，缓解了自己的焦虑和不安。换句话说，他们的"好意"实际上是为了缓解自己内心的冲突或满足某种未被满足的心理需求。在张丽的案例中，她可能在某些事情上感到无能为力或缺乏自信，所以通过帮助别人来获得认可和满足感。

## （三）如何判断真正的动机

接受者应该如何识别和应对这种"好意"呢？首先，要保持警觉，观察对方的行为模式。例如，是否在每次帮助后，对方都会人为地提及自己的付出并期望获得赞美和感谢？其次，可以尝试探索对方的动机，询问他们在帮助他人后的感受，从侧面了解他们的真实意图。

### 案例

王先生在公司永远是第一个对同事伸出援手的人。他总是抢着帮别人加班，甚至在同事们还没开口之前，就主动揽下各种任务。大家都觉得他真心为团队着想，直到一次团建活动，他喝醉后坦白："其实我总觉得自己能力不行，只有通过帮你们，我才能找到存在感。"

这一句话揭示了防御性利他主义的精髓：施助者通过帮助他人来填补自己内心的空虚或不安全感。

## （四）真正的关心来自内心的平和

防御性利他主义表面上看似利他，实际上却是自利的表现。这种动机虽然并不完全带有恶意，但长期的隐瞒和不坦诚可能导致人际关系中的信任危机。所以，当我们被帮助或在帮助他人时，不妨停下来思考一下真正的动机是什么。毕竟，真正的关心应当是发自内心的平和与真诚。

## 88 5分钟法则
——战胜拖延的秘诀

你是否想要完成某项任务,却又被内心的懒惰所束缚?你是否因为恐惧、焦虑或厌恶而迟迟无法开始某项工作?在这些情况下,有一个简单到令人难以置信却异常有效的法则,能帮你突破心理障碍,它就是"5分钟法则"。

### (一)"5分钟法则"的心理学解读

"5分钟法则"的核心在于利用人类大脑的适应性以及对"开始"这一行为的恐惧。当我们面临一项不愉快或看似艰巨的任务时,大脑会本能地发出逃避信号,这种反应被称为"启动焦虑",即当面对新的起点或不熟悉的挑战时,人们会感到焦虑不安。启动焦虑并非全然是坏事,它是进化过程中留下来的一种保护机制,用以提醒我们关注潜在的威胁。然而,在今天这个相对安全的社会中,启动焦虑往往成为阻碍个人成长和实现目标的绊脚石。

心理学研究表明,将任务的一次性完成压力分解为更小、更易于管理的单元,可以显著降低启动焦虑,进而提高完成任务的概率。正是基于这一点,"5分钟法则"通过设定一个短暂、具体的时间限制，使原本令人生畏的任务变得容易开始。一旦开始了第一步，人类的大脑就会逐渐适应，甚至产生一种"连续性"的错觉，使得任务看起来不再那么难以克服。这种现象在心理学中被称为"行动逻辑"或"最小启动成本理论"。

## 案例

李华是一名即将毕业的大四学生，面临着写毕业论文的巨大压力。她知道这是一项重要的任务，但每当坐下来准备开始写作时，内心就会涌起一股难以名状的恐惧感。她害怕自己写得不够好，害怕时间不够用，甚至害怕论文完成不了。这些恐惧让她远离了电脑，宁愿刷手机、看视频，也不想面对这项任务。

一天，李华的室友小王向她介绍了"5分钟法则"。小王说："当你不想做一件事时，就告诉自己'我就做5分钟，忍忍就过去了'。5分钟后，你可以选择继续或者停下来休息。"对此，李华半信半疑，但还是决定试一试。

那天下午，李华再次面对空白的电脑屏幕。她深呼吸后告诉自己："我就写5分钟，反正影响不大。"她输入了第一个句子。5分钟后，她本可以选择停下来，但是发现自己的思路已经逐渐清晰。于是，她又告诉自己："再写一个5分钟。"就这样，一个5分钟接着一个5分钟，李华发现自己不知不觉中已经写了整整一个小时。那次经历后，李华开始频繁使用"5分钟法则"，不仅成功完成了毕业论文，还养成了良好的学习习惯，克服了长期的拖延问题。

## （二）为什么"5分钟法则"能起作用

- **降低心理阻力**：正如上述案例中所体现的，"5分钟法则"通过设定一个短暂的时间限制，大大降低了任务开始时的心理阻力。这种心理技巧使人们更容易克服内心的恐惧和懒惰，从而迈出第一步。
- **建立正向反馈循环**：一旦任务开始，即使是短短5分钟，人们往往会在这个过程中找到乐趣或成就感。这种正向体验会激励人们继续努力，形成持续的正向反馈循环。
- **提高自律性**：通过反复实践"5分钟法则"，人们逐渐养成了自律的习惯。这种习惯不仅在学习和工作中发挥作用，还能渗透到日常生活的各个方面，使个人的整体效率和生活质量得到提升。

## （三）如何更好地利用"5分钟法则"

- **设置明确的小目标**：将大任务分解成一系列小目标，每个目标只需要5分钟来完成。这样可以增加任务的可操作性和完成后的成就感。
- **使用定时器**：用定时器设定一个5分钟，可以让个体更专注于当前的5分钟任务，避免分心。
- **逐步增加时间**：一旦习惯了5分钟的任务，可以逐步增加时间，例如每次增加5分钟，直到任务完全完成。

"5分钟法则"不仅仅适用于学术任务,它同样可以应用于健康、人际关系和职业生涯等多个领域。例如,在运动方面,即使每天只运动5分钟,也有利于身体健康;在人际交往中,每天花5分钟与家人或朋友交流,可以增进亲密关系;在职业发展中,每天额外投入5分钟的学习或思考,也能逐步积累优势,实现长远的目标。

 **梅拉宾法则**
——好的人际关系不是吃饭、送礼,而是坚持梅拉宾法则

你是否好奇过,为什么有时候你的言语无法准确传达你的想法?为什么在某些场合下,一个人的表情和语调比他们所说的话更能打动你?在心理学中,有一个概念可以解释这一点——梅拉宾法则。这个法则强调了沟通中非语言成分的重要性,并揭示了言语交流深层次的奥秘。

梅拉宾法则由心理学家阿尔伯特·梅拉宾提出。法则指出,在面对面的沟通中,语言本身只占到信息传递的7%,而音调和其他语音成分占到38%,身体语言则占到55%。这是真的吗?这种划分是否适用于所有情境?

## (一)解密梅拉宾法则

梅拉宾最初的研究其实针对的是情感表达和态度传达,而并非任何一种交流。其实验主要分析的是当一个人的言辞与其情感表达不一致时,哪种信息传递渠道对感知影响最大。然而,这一法则往往被误解为适用于所有沟通情况,这导致了许多误用与误解。

例如,在讨论复杂的科学概念或商业策略时,文字与内容的

重要性显然远超55%的非语言沟通方式。然而，当涉及情感和态度传达时，例如在冲突解决或表达关心时，非语言信息就变得极为重要。

## （二）权衡非语言沟通的力量

◎ **有这样一个场景**：在一次团队会议上，主管对团队过去一周的表现表示"非常满意"，但他的语气显得很冷淡，目光游离不定，手臂交叉在胸前。尽管他的言辞是积极的，但多数人可能从他的姿态和音调中解读出不一致的信息，从而怀疑他的真正感受。

这正是梅拉宾法则的一个关键要点——当不同沟通指示不一致时，人们更倾向于相信非语言信号。这一推断可以帮助我们更好地理解为何一些领导者、演讲者或销售人员即便拥有完美的话术，也特别注意他们的肢体语言与语调。

**案例**

有一名叫李华的应聘者在一家知名公司参加了一次面试。为了这次面试，李华准备了很久，从自我介绍到专业知识的问答，每一个环节他都反复演练，确保自己的言辞无懈可击。

面试开始了，面试官刘总提问道："你能描述一下你在前公司解决的一个技术难题吗？"李华立刻回答，详细描述了自己如何通过精心计划和团队合作，成功解决了一个系统故障。他的回答条理清晰,每一个细节都显得非常专业。

然而,李华注意到刘总的眼神并不专注,而是时不时地看向窗外,甚至在听完李华的回答后,他的嘴角稍稍向下,轻微地皱了皱眉。李华心里泛起一阵不安,尽管他的话语充满了自信和专业性,但他担心这些非语言信号正在传递出一种不同的信息。

刘总随后问道:"你认为团队领导最重要的特质是什么?"李华回答了"有效沟通"和"激励团队成员"的特质。但此时,刘总的身体语言变得更加鲜明:他的手开始频繁交叉,肩膀也开始有些僵硬。李华感觉到,尽管他的言语依然充满逻辑和专业性,但对方的非语言信号似乎在传达另一种信息。

面试结束后,李华非常困惑,他觉得自己回答得很完美,但刘总的表现让他感到不安。他开始反思:是不是自己的肢体语言或语调没有和言辞保持一致?还是他的某些非言语信号在无意中引起了刘总的反感?

这个案例正是梅拉宾法则的真实体现。李华的言语表达(7%)可能无可挑剔,但刘总的非言语信号(身体语言、表情等55%)可能已经传达出对李华回答的怀疑或者不满。而语音语调(38%)的部分,尽管李华的语气保持了平稳和自信,但面对刘总的冷淡反应,也许缺少了必要的情感调节。

在这场面试中,李华或许能够通过刘总的非言语反馈,意识到自己需要加强非言语交流的训练,不仅要在言辞上表现出专业和自信,还要在表情、肢体语言、眼神交流等方面与自己的言论保持一致。

## （三）质疑与反思

尽管梅拉宾的研究引人入胜，但其广为流传的7-38-55比例在应用范围上需被谨慎对待。现实中的沟通复杂多变，言语结合非语言元素形成了多层次且动态的交流。心理学研究还指出，非语言交流在人际关系中的具体作用可因文化差异与个体变异而大相径庭。

因此，我们需要在沟通时综合考虑语言与非语言因素，并意识到各自在不同情景下的权重变化。

##  红色按钮综合征

——你面前有一个红色按钮,不要按它,你能抵挡住这个诱惑吗

想象一下:你生活在衣食无忧的人间天堂,你的每一个愿望都能被实现,但只有一件事不能做——你面前有一个红色按钮,不要按它。这个简单的规定看起来不值一提,但令人惊讶的是,很多人最终无法抵挡住诱惑,没忍住按下了那个红色按钮。这是为什么呢?

### (一)选择的冲动

"红色按钮综合征"并非偶然现象,它反映了人类内心深处的一种冲动——选择的冲动。即使在最理想的生活环境中,我们仍然会有一种无法抑制的欲望,想尝试不同的选项,探索未知的可能性。这种冲动背后的心理机制是多方面的,从好奇心到控制欲,再到对不确定性的恐惧,每一个因素都在影响着我们的决策过程。

### (二)理论基础

◎ **好奇心**:心理学家德雷克·罗尔巴赫(Derek Rorabaugh)在他的研究中指出,好奇心驱使我们不断探索世界,寻找新的刺激。这种好奇心不仅在儿童身上表现得尤为明

显，成年人同样难以抵挡。

◎ **控制欲**：控制欲是另一种强烈的动机。心理学家埃伦·兰格在其著作《觉知学习的力量》中提到，人们往往通过做出选择来感受到对生活的掌控力。即使这些选择看似微不足道，但它们却能提供一种心理上的满足感。

◎ **对不确定性的恐惧**：人类天生对未知事物感到好奇，但同时也有一种深深的恐惧。心理学家托马斯·图内尔（Thomas Tryon）指出，这种恐惧和好奇心的矛盾心理使我们更容易去冒险，希望借此减少对未知的恐惧。

## 案例

①

李明是一位成功的商人，生活富足，拥有一切他想要的东西。然而，他总是感到莫名的空虚。一天，他在一本心理学杂志上看到了关于"红色按钮综合征"的文章，决定进行一次自我实验。他在自己的办公室里放置了一个红色按钮，并告诉自己绝对不能按。起初，他觉得这是个荒谬的挑战，但随着时间的推移，他发现自己越来越频繁地盯着那个按钮，甚至在脑海中反复设想按下按钮后的场景。最终，他无法抵挡住诱惑，按下了红色按钮。那一刻，他感到一种难以言喻的解脱。李明意识到，即使他拥有一切，他仍然渴望体验不同的选择，这对他有了新的启示：生活不仅仅是关于拥有，更是关于体验。

② 

王丽是一名心理学研究人员，她在一项实验中发现，即使是受过高等教育的参与者，也很难遵守不按红色按钮的规则。其中一名参与者在实验结束后告诉王丽，她按下按钮并不是因为她想要知道之后发生的事情，而是因为在整个过程中感到自己被剥夺了选择的权利。她按按钮的行为，是对这种丧失选择权的一种反抗。王丽的研究结果发表在《实验心理学杂志》上，引起了广泛的关注。

③ 

张强是一名大学生，他在一次期末考试前参加了学校组织的一项心理测试。测试中，他被要求在一间舒适的房间里待一个小时，房间内有一个红色按钮，但不要按。张强觉得这很简单，但他发现自己在那一个小时里无法集中注意力，不断被按钮吸引。最终，他按下了按钮，测试也随之结束。张强产生一种混合着羞愧和解脱的情绪。他后来在日记中写道："即使我知道按按钮没有任何好处，我还是无法控制自己。这让我意识到，选择权对我来说是多么重要。"

## （三）心理机制

"红色按钮综合征"背后的深层心理机制是多元的，但最核心的无疑是选择欲。选择欲使我们感到自己是生活的主人，能够自主决定自己的命运。心理学家埃里克·约翰逊（Eric Johnson）在他的一项研究中发现，当人们感到自己的选择被限制时，他们会变得焦虑和不安，即使这些选择并不重要。

选择欲与自由意志的概念息息相关。自由意志是指人们能够自主选择和决定自己的行为和生活方向。心理学家丹尼尔·韦格纳在他的著作《白熊和其他不想要的念头》中提到，当人们被告知不要做某件事时，反而更容易去想这件事，这种现象被称为"反弹效应"。这种反弹效应使"红色按钮综合征"更具挑战性，因为它不仅仅是一种外在的诱惑，更是一种内在的心理斗争。

## （四）实验与研究

为了进一步探讨"红色按钮综合征"，心理学家凯瑟琳·米尔顿（Katherine Milton）设计了一系列实验。在其中一项实验中，她将参与者分成两组，一组被告知不要按红色按钮，另一组没有这样的指令。实验结果表明，被告知不要按按钮的参与者中，有67%的人最终按下了按钮，而没有指令的参与者中，只有13%的人按下了按钮。这进一步证实了"反弹效应"的存在，同时也揭示了选择欲的重要性。

"红色按钮综合征"不仅是心理学研究中的一个有趣现象，更是我们每个人内心深处的一种普遍心理。这种现象提醒我们，选择本身比结果更重要。即使我们已经拥有了一切，仍然渴望通过选择来体验不同的可能性，找到新的刺激。这或许就是人类之所以为人类的原因——我们永远不满足于现状，总是在追求更多的未知和体验。

## 91 睡前妄想症
——你有没有睡前妄想症

你是否经历过晚上躺在床上准备睡觉,却仿佛看到床边有人影晃动或听到细微的脚步声?是否有时甚至会确信有人在房间里,却在努力窥探后发现什么也没有?这种看似恐怖却又无声的经历,在心理学上被称为"睡前妄想症",一个让人既熟悉又陌生的词汇。

### (一)什么是睡前妄想症

睡前妄想症是指个体在入睡过程中出现的视觉、听觉、触觉或嗅觉的幻觉。这些幻觉通常发生在即将入睡的过渡阶段,可能持续几秒到几分钟。与梦境不同,睡前妄想症更加逼真,让人感到仿佛真的看到了、听到了或感受到了某些不存在的事物。

### (二)睡前妄想症的心理学解释

心理学家认为,睡前妄想症的发生与大脑的生理和心理状态密切相关。在进入睡眠状态时,大脑会逐渐关闭各个感官输入通道,但有时这个过程进行得不完全,导致感官信息的模糊或混乱。这种状态下的大脑会试图解释这些混乱的信息，从而产生幻觉。

此外，睡前妄想症还可能与以下因素有关：

◎ **睡眠剥夺**：长期睡眠不足或不规律的作息会影响大脑的正常功能，增加幻觉的发生概率。
◎ **压力和焦虑**：心理压力和焦虑会导致大脑在入睡时更加敏感，容易产生幻觉。
◎ **药物和疾病**：某些药物和神经系统疾病也会诱发睡前妄想症。

### 案例

李华是一名普通的上班族，住在上海市一间狭小的出租屋里。由于公司最近的项目进展不顺，他经常加班到深夜，每天回到家里已经是筋疲力尽。尽管他每晚几乎倒头就睡，但最近几个月却频繁出现一种令人不安的经历，这让他逐渐感到焦虑和困扰。

某天晚上，李华像往常一样躺在床上准备入睡。就在他即将进入梦乡的那一刻，他突然看到床边有一个模糊的人影在晃动，李华一动不动，不敢发出任何声响。他试图睁开眼睛看清楚，但每次努力睁开眼睛时，人影会变得更加模糊。最终，人影在瞬间消失，房间恢复了平静。李华吓出了一身冷汗，心跳加速，但他努力安慰自己，告诉自己这只是幻觉。

但这种经历并没有就此结束。接下来的几天，几乎每晚李华都会在即将入睡时出现类似的幻觉：有时是厨房里传来奇怪的响声，有时是一阵莫名的风声，甚至有一次他感到有人轻轻地触摸了他的肩膀。这些幻觉让他夜夜难眠，白天工作时也总是提心吊胆。

终于，李华的身心承受不住了，他决定向朋友小张倾诉这一困扰。小张是名心理学爱好者，听到李华的描述后，立刻意识到这可能是睡前妄想症。小张建议李华去咨询一位专业的心理医生，以了解更多的信息和应对方法。

在心理医生的诊室里，李华详细描述了自己最近的经历和感受。心理医生认真听取了他的讲述，并对他进行了心理测试。医生解释说，李华因为长时间的睡眠不足和工作压力，导致大脑在入睡时变得更加敏感，容易产生幻觉。

## （三）如何应对睡前妄想症

- ◎ **改善睡眠环境**：保持卧室安静、舒适，避免过度刺激的光线和声音。
- ◎ **规律作息**：作息要规律，避免长时间熬夜，保证充足的睡眠时间。
- ◎ **放松身心**：睡前进行放松练习，如深呼吸、冥想或洗热水澡，帮助大脑放松。
- ◎ **减少压力**：通过运动、休闲活动、社交等方式减轻日常生活中的压力。

◎ **专业咨询**：如果睡前妄想症严重影响了生活质量，建议定期咨询专业的心理医生或睡眠专家。

李华按照医生的建议，逐渐调整了自己的作息时间和生活习惯。他开始每天早睡早起，尽量减少加班，睡前做一些冥想和深呼吸练习。经过几周的努力，李华发现自己晚上再也没出现那种令人不安的幻觉，白天的精神状态也明显改善了。

 **多巴胺戒断**
——如何用多巴胺戒断多巴胺，成为自律上瘾的人

短视频、网络游戏，这些让我们越来越上瘾、看似能带给我们快乐的事物，实际上可能让我们陷入一种名为"多巴胺戒断"的心理状态。多巴胺，作为大脑中主要的"快乐激素"，在生活中扮演着重要的角色。然而，当这种快乐变得过于依赖外部刺激时，戒断症状便可能出现，给我们的心理健康带来负面影响。

## （一）什么是多巴胺戒断

多巴胺是一种神经递质，主要负责传递大脑中的奖励和愉悦信号。正常情况下，当我们完成一项任务或达成一个小目标时，多巴胺的释放会让我们感到满足和快乐。然而，当我们过度依赖外部刺激来触发多巴胺的释放时，大脑的自然奖励系统会逐渐失效，导致我们在没有这些刺激时感到空虚、焦虑，甚至抑郁。这种状态被称为多巴胺戒断。多巴胺戒断不仅影响我们的心理健康，还会严重影响我们的社交能力和生活质量。

## 案例

小李是一名大三学生，曾经是校园里的活跃分子，热衷于参加各种社团活动和志愿者服务。他的生活充满了各种有趣的经历和丰富的社交互动，每天都过得很充实。然而，疫情暴发后，小李的生活发生了很大的变化。由于校园活动大幅减少，他开始更多地依赖手机和网络来消磨时间。每天，他花费数小时刷短视频，从搞笑视频到热门音乐，各种内容让他目不暇接。

起初，这些视频确实让小李感到放松和愉快。他甚至觉得这种快乐比参加社团活动时更强烈。但随着时间的推移，小李发现这种快乐越来越短暂，视频一结束，他就会感到一种莫名的空虚和不安。有时，他甚至在上课时无法集中注意力，脑子里总是想着手机上的视频。

一次，小李的社团组织了一个线下的公益项目，需要志愿者一起去社区帮助老人。小李报名参加了这个项目，但到了活动当天，他感到异常紧张和不安。他发现自己无法与社区的老人们正常交流，甚至有些害怕。活动结束后，小李回到学校的第一件事就是拿起手机，继续刷短视频。这次的体验让他意识到，自己可能陷入了多巴胺戒断的困境。

## （二）多巴胺戒断的科学解释

多巴胺戒断的成因和机制引起了心理学界的广泛关注。一项最新的研究（Zhu，Y.，Li，X.，& Zhang，J. 2023）表明，长期过度使用社交媒体和短视频平台会改变大脑的多巴胺系统。具体来说，这些平台通过不断提供令人愉悦的内容，使大脑逐渐适应高水平的多巴胺释放。当这些外部刺激突然消失时，大脑会释放较少的多巴胺，导致一系列负面情绪和行为，如情绪低落、焦虑和失眠。

另一项研究（Wang，L.，& Chen，H. 2022）进一步指出，多巴胺戒断不仅影响个人的心理健康，还会对社会关系和工作表现造成严重影响。过度依赖电子设备的人在现实生活中往往感到孤独、无助，甚至出现社交恐惧症。他们难以与他人建立正常的互动关系，导致社交圈缩小，生活单调。

## （三）多巴胺戒断的常见症状

- ◎ **情绪低落**：感到空虚和无助，对生活失去兴趣。
- ◎ **焦 虑**：对未来感到不确定和紧张，对小事容易感到不安。
- ◎ **失 眠**：难以入睡或睡眠质量下降，夜间频繁醒来。
- ◎ **易 怒**：对小事情变得非常敏感，容易发脾气。
- ◎ **社交退缩**：不愿意与人交流，感到被孤立和排斥。
- ◎ **注意力不集中**：难以长时间专注于一个任务，容易分心。

◎ **无聊感**：在没有外部刺激时感到极度无聊，无法找到其他有趣的事情做。

## （四）如何应对多巴胺戒断

1. **设定时间限制**：每天为使用电子设备的时间设定一个合理的上限，帮助自己逐渐减少依赖。例如，可以使用手机的"屏幕使用时间"功能，监控并限制自己的使用时间。开始时可以设定一个较宽松的限制，逐渐减少到每天一到两个小时。

**具体做法**：早上起床后，先进行半小时的晨练或阅读，再开始使用手机；每天下午安排一个时间段，专注于学习或工作，不使用电子设备；晚上睡觉前，提前一小时停止使用电子设备，帮助大脑放松，提高睡眠质量。

2. **寻找替代活动**：参与一些能带来内在满足感的活动，如运动、阅读或和朋友面对面交流。这些活动可以帮助你重新建立大脑的自然奖励系统，减少对电子设备的依赖。

**具体建议**：

**运动**：加入学校的体育社团，如篮球、羽毛球或跑步，定期参加运动。运动不仅有助于身体健康，还能释放多巴胺，带来持久的快乐感受。

**阅读**：选择一些自己喜欢的书籍，每天安排一段安静的时间进行阅读。阅读不仅能增长知识，还能帮助你放松心情，提高专注力。

**社交活动**：与朋友约定每周一次的线下聚会，如吃饭、看电影或旅行，增强现实生活中的社交互动。这样的活动不仅能增进友谊，还能让你感受到更真实的快乐。

**兴趣爱好**：培养一些兴趣爱好，如绘画、书法或园艺，这些活动能带来持久的快乐和满足感。

3. **心理辅导**：如果症状严重，可以寻求专业的心理辅导，帮助自己重新建立健康的生活习惯。心理咨询师通过认知行为疗法等方法，帮助你应对多巴胺戒断的负面影响。

**如何找到合适的心理辅导：**

**学校资源**：可以联系学校的心理咨询中心，预约专业的心理咨询师。学校的心理咨询师通常对学生的情况比较熟悉，能提供针对性的建议。

**家人和朋友**：与家人或信任的朋友分享你的感受，寻求他们的支持和建议。有时候，来自身边人的支持和理解会给你很大的帮助。

**自我反思**：定期反思自己为何沉迷于这些外部刺激，找到内心真正的需求，从而更好地管理自己的情绪和行为。

4. **反思方法**：写日记。每天晚上花10分钟写日记，记录自己的感受和想法。这不仅能帮助你整理思路，还能让你逐渐发现自己的问题所在。

**自我评估**：定期进行自我评估，了解自己的情绪变化和行为模式。可以通过问卷或心理测试来帮助自己。

意识到问题后，小李决定采取措施改变现状。他首先设定了每天使用手机的时间上限，每天晚上提前一小时放下手机，进行冥想和阅读。同时，他还加入了学校的篮球社团，定期参加运动，与社团成员建立了深厚的友谊。

小李还开始阅读一些心理学和自我成长方面的书籍，了解多巴胺戒断的机制和应对方法。他发现,通过自我管理,他不仅能够减少对手机的依赖,还能提高自己的社交能力和情绪管理能力。他开始主动与朋友和家人交流,分享自己的感受和想法,逐渐建立起更稳定的人际关系。

几个月后,小李的变化令人刮目相看。他的学习成绩显著提升,与同学和家人的关系也变得更加亲密。他开始享受现实生活中的每一份快乐,而不是依赖手机中的短暂刺激。在一次社团的公益活动中,他再次与社区的老人们互动,这次他感到非常自然和开心。他的信心和社交能力都有了显著的提升。

 # 情绪性进食
——明明不饿,为什么还一直想吃

你是否曾在压力山大的时候,不由自主地拿起薯片,一包又一包,停不下来?你是否曾在不开心的时候,觉得吃甜食就能让心情好转?如果你的回答是肯定的,那么你可能已经体验过"情绪性进食"了。

## (一)什么是情绪性进食

情绪性进食是指个体在面对负面情绪时,通过进食来寻求安慰或逃避的一种心理行为。与饥饿性进食不同,情绪性进食并不受生理饥饿的驱动,而更多的是为了缓解心理上的不适。这种行为在心理学上被认为是一种应对机制,但长期下去可能会导致肥胖、营养不良甚至心理问题。

## (二)情绪性进食的心理学机制

◎ **奖赏系统**:大脑中的多巴胺奖赏系统在进食时会被激活,尤其是摄入高糖、高脂肪食物时,多巴胺的释放会让人感到愉悦,从而暂时缓解负面情绪。这种瞬时的愉悦感会让人产生

依赖，每当情绪低落时就会本能地寻求食物的慰藉。

◎ **压力反应**：压力会引发体内皮质醇水平的上升。皮质醇是一种应激激素，它会增加食欲，尤其是对高热量食物的渴望。长期的压力不仅会让人变得暴饮暴食，还会导致身体处于一种持续的应激状态，进而影响整体健康。

◎ **情感调节**：进食可以作为一种情感调节的手段，使人暂时忘却烦恼，获得满足感。这种短暂的满足感可能会让人形成依赖，一旦情绪低落，就自然而然地转向食物寻求安慰。然而，这种依赖往往会带来更多的负面影响，如罪恶感、自责和身体不适。

### 案例

李晓是一名在上海工作的年轻白领，工作忙，压力大。每天加班到深夜是家常便饭，而她的饮食习惯也随之变得不规律。一天，李晓因为一个项目进展不顺利，心情糟透了。她独自走在回家的路上，看见街边的小吃摊，突然间难以抑制地想吃烧烤和炸鸡。她买了满满一袋，回到家迅速吃完后，感到一阵满足和放松。然而，这种愉悦感很快就被随之而来的罪恶感和自责取代。

李晓的内心独白："那天晚上，我一想到项目可能失败，心里就像压了一块大石头。小摊上的烤肉和炸鸡散发着诱人的香味，我告诉自己只是一次，不会有事的。可是，吃完之后我更焦虑了，觉得自己是个失败者，连控制饮食都做不到。接下来的几天，我总是忍不住想吃甜食，仿佛只有这样才能让自己感到好受一些。每次吃过后，我都后悔不已，但下一次还是忍不住。"

李晓并不是个例。许多人在面对压力、焦虑、孤独等负面情绪时，都会通过进食来寻求短暂的安慰。这种行为在短时间内可能会带来满足感，但长期下来，不仅会对身体造成伤害，还会进一步加剧心理问题。

## （三）如何应对情绪性进食

- ◎ **情绪识别**：学会识别自己的情绪，不要一感到不适就去寻找食物。可以尝试记录自己的情绪日记，分析情绪与进食之间的关系。例如，当你发现自己每次压力大时都想吃巧克力，就可以在此时提醒自己寻找其他方式来缓解压力。
- ◎ **替代行为**：当感到情绪低落时，可以寻找其他健康的方式来缓解，比如运动、听音乐、冥想或与朋友聊天。这些方法不仅可以缓解情绪，还能增强身体素质，提高生活质量。
- ◎ **寻求支持**：不要独自面对情绪问题，可以向家人、朋友或心理咨询师寻求帮助，找到更有效的应对策略。有时候，与他人分享你的感受和困扰，会发现原来很多人和你一样，这样也能减轻你的孤独感。
- ◎ **建立健康的生活习惯**：保持规律的饮食和作息，不要在情绪波动时大吃大喝。可以尝试平衡饮食，多吃蔬菜水果，减少高糖、高脂肪食物的摄入。同时，按时吃饭、合理安排餐点也能帮助你控制食欲。
- ◎ **正念饮食**：练习正念饮食，即在进食时全神贯注地体验食物的味道、质感和气味，而不是心不在焉地吃。正念饮食不仅能帮助你更好地享受食物，还能减少因情绪波动而过度进食的可能。

北京大学心理与认知科学学院的张明教授指出，情绪性进食是一种常见的心理现象，但很多人对此缺乏足够的认识。他建议，除了上述方法，还可以尝试一些认知行为疗法，帮助自己建立更健康的情绪调节机制。

"情绪性进食往往是一种潜意识的行为，很多人甚至没有意识到自己在用食物应对情绪。通过认知行为疗法，可以帮助个体识别并改变这些潜意识的认知模式，从而减少情绪性进食的发生。"

华东师范大学临床心理学系的李鸣老师也表示，情绪性进食往往与个体的自尊心和自我价值感有关。人们在感到无助和挫败时，往往会通过进食来寻求自我安慰。她强调，建立自信心和自我认同是预防情绪性进食的重要途径。

"情绪性进食是一种逃避机制，人们通过食物暂时逃避内心的痛苦。但这种逃避只能带来短暂的缓解，长期来看，解决内心的问题才是根本。建立自信心和自我认同，可以帮助个体更好地应对生活中的挑战。"

## 94 祛魅

——学会祛魅，才能看清一个人的人格底色

你是否在某个人或某件事物面前，感到过一种莫名的敬畏或崇拜，仿佛他（它）们具有超乎常人的力量或特质？这种感觉让我们愿意去看那些被我们戴上光环的偶像或相信那些似乎不可思议的能力。然而，在心理学中，有一个词叫作"祛魅"，它描述的正是我们如何逐渐打破这种迷思，用更加理性和科学的眼光去看待世界。

### （一）祛魅的心理学概念

祛魅的概念起源于德国社会学家马克斯·韦伯（Max Weber）的理论，但它在心理学领域也有着自己的意义。在心理学上，祛魅指的是一种心理过程，即个体通过学习和经历，消除对某人、某事或某种观念的过度理想化，回归到现实的角度去理解和评价。这一过程可能伴随着幻想的破灭和情感的失落，但也往往是个人成长和发展的重要一步。

### 案例

①

小李是一名狂热的追星族，他最喜欢的一位明星是流行音乐界的佼佼者。这位明星不仅才貌双全，而且在各种公开场合表现得温文尔雅、乐于助人，小李将他视为心中的偶像。然而，一次偶然的机会，小李通过社交媒体关注到了这位明星的一系列私生活丑闻，震惊之余，他开始反思自己对偶像的看法。经过一段时间的观察和思考，小李意识到，媒体和粉丝文化的包装使得偶像的形象变得更加完美，而这种完美其实是一种假象。最终，小李从对偶像的盲目崇拜中抽身，开始更加理性地看待身边的每一个人，包括他自己。

②

张先生的父亲患有多年顽固的失眠症，尝试了多种方法都没有明显改善。一天，张先生在朋友的推荐下，带着父亲去见了一位号称能治愈失眠的"大师"。在一系列复杂的仪式和药物治疗后，父亲的睡眠质量确实有所提升。然而，张先生感到不安，他开始查阅相关资料，发现所谓的"秘方"其实是一些常见的安眠药和心理暗示的结合。经过与父亲的沟通，张先生帮助父亲找到了专业的心理医生，进行了系统的治疗，最终父亲的失眠症得到了根治。

通过这个经历，张先生深刻体会到，祛魅不仅是打破迷信的过程，更是追求科学理性的必要之路。

## （二）祛魅的心理过程

◎ **认知调整**：个体需要重新调整对某人或某事的认知，消除原有的过度理想化。这一过程可能伴随着认知冲突和心理不适，但有助于形成更加客观和真实的认识。例如，小李在了解到偶像的私生活丑闻后，不得不重新评估他对偶像的看法，这一过程虽然痛苦，但有助于他更客观地看待偶像。

◎ **情感调节**：祛魅可能引发情感上的失落和失望，个体需要通过情感调节来适应这一变化。这包括接受现实、释放情感和重新找到心理平衡。张先生在发现所谓的"秘方"实际上是常见的安眠药和心理暗示的结合后，感到不安和失望，但他通过与父亲的沟通和专业的帮助，逐渐接受了现实，并找到了新的解决方法。

◎ **行为改变**：随着认知和情感的调整，个体的行为也会发生改变。他们可能会减少对某些事物的依赖，更加独立地做出决策，甚至重新寻找新的兴趣和目标。小李不再盲目追星，而是更加理性地看待偶像，张先生也帮助父亲找到了科学的治疗方法，而不是盲目相信所谓的"大师"。

## （三）祛魅的积极意义

尽管祛魅的过程可能伴随着痛苦和失落，但它对于个人的心理健康和社会适应具有重要的积极意义。首先，祛魅有助于个体摆脱盲目的崇拜和迷信，避免被虚假的信息所误导。其次，祛魅促进了个体的独立思考和批判性思维，让他们能够更加理性地面对生活中的各种问题。最后，祛魅有助于个体建立更加健康和成熟的人际关系，避免因过度理想化而产生失望和冲突。

 **隐性虐待**
——你是否曾经在某段关系中感到过被忽视或贬低

你是否曾在家庭、朋友关系或职场中，感受过一种看不见的伤害？这种伤害并不是明显的暴力或辱骂，它悄然发生在日常的言语、眼神、忽略甚至看似无意的举动中。这种伤害，被心理学界称为"隐性虐待"。

## （一）什么是隐性虐待

隐性虐待也称心理虐待，是指通过言语、行为或环境对一个人造成长期的、无形的心理伤害。这种虐待形式往往难以被识别，因为它不像身体虐待那样有明显的外在伤痕。然而，它对受害者的心理和生理健康同样具有严重的影响。

常见的隐性虐待形式有以下几种。

◎ **情感冷漠**：长时间的忽视、冷漠或不关注对方的感受。例如，父母常常忙于工作，很少与孩子交流，导致孩子感到被忽视。

◎ **言语攻击**：言语上的诋毁、嘲笑或贬低，尤其是这些言辞被表达得非常隐晦时。例如，朋友在聚会时总是嘲笑你的穿着，但事后又说只是开个玩笑。

- ◎ **操控与控制**：通过威胁、恐吓或操纵来控制对方的行为和选择。例如，伴侣经常威胁分手，迫使你按照他的意愿行事。
- ◎ **孤立与排斥**：故意将对方排除在社交活动之外，或切断其与外界的联系。例如，同事总是不告诉你团队的重要信息，让你感到被孤立。
- ◎ **持续的批评与要求完美**：对对方的每一个细节进行挑剔，使其感到无法满足对方的期望。例如，领导总是对你的工作提出苛刻的要求，但这些要求从未具体化。

## （二）隐性虐待的成因

隐性虐待的成因多种多样，通常与施虐者自身的心理问题、早期经历或社会环境有关。

- ◎ **童年创伤**：很多隐性虐待者在童年时期也遭受过类似的心理创伤。早期的负面经历可能导致他们在成年后重复这种行为模式。
- ◎ **低自尊**：施虐者可能有较低的自尊心，通过操控和贬低他人来获得一种虚假的安全感和优越感。
- ◎ **不良的家庭互动模式**：家庭中的负面情绪积累，如果得不到及时解决，可能会演变为一种隐性的、长期的虐待关系。
- ◎ **社会和文化因素**：某些社会和文化环境中，隐性虐待可能被视为一种正常的行为模式，很难被识别和纠正。

## 案例

小李是一名32岁的企业员工,她在一家知名公司工作了8年。表面上,她的工作环境很好,同事们都很友好,领导也非常关心她的职业发展。然而,在内心深处,小李却感到非常压抑和痛苦。

小李的上司——张先生,是一名典型的隐形虐待者。张先生总是对小李的工作提出各种苛刻的要求,但这些要求从未具体化,而是通过一些模糊不清的评论来施加压力。例如,张先生常说:"你的报告总感觉不够完美,再努力一些吧。"或者在会议中当众批评小李的不足,但随后却对其他人赞赏有加。这种双重标准让小李感到非常困惑和不公平。

更让小李痛苦的是,张先生在私下里经常用冷漠的语气和表情对待她。每当小李试图与他沟通时,张先生总是显得不耐烦,甚至有时会直接打断她的话。久而久之,小李开始怀疑自己的能力,觉得自己永远达不到张先生的期望。她在工作中变得焦虑、自卑,甚至出现了失眠和食欲不振的症状。

小李的例子并非个例。隐性虐待在职场中普遍存在,这种虐待对受害者的心理伤害是深远的,甚至会影响到他们的日常生活和人际关系。

## (三)隐性虐待的影响

隐性虐待的影响是多方面的,不仅限于受害者的心理健康。

- ◎ **心理健康问题**:长期的隐性虐待会导致受害者产生严重的心理问题,如抑郁症、焦虑症和创伤后应激障碍。心理学家克里斯汀·温伯格(Christine Weinberg)的研究发现,遭受隐性虐待的人更容易出现自尊心低下、自我怀疑和社交回避行为。
- ◎ **生理健康问题**:长期的焦虑和压力会降低免疫系统的功能,增加患病的风险。有研究表明,长期处于隐性虐待环境中的人,其心脏病和高血压的风险显著增加。
- ◎ **职业发展受阻**:隐性虐待会严重打击工作积极性和自信心,导致受害者在职业发展上遇到障碍。例如,小李因为上司的持续批评和冷漠,开始对工作失去兴趣,甚至考虑辞职。
- ◎ **人际关系恶化**:受害者可能因为隐性虐待而变得敏感和多疑,影响与其他人的正常交往。这种负面情绪可能扩散到家庭和朋友关系中,导致关系恶化。

## (四)如何应对隐性虐待

- ◎ **识别和承认**:首先,要认识到自己可能正在遭受隐性虐待。这不是你的错,也不是你不够好。承认问题是解决问题的第一步。
- ◎ **寻求支持**:与信任的朋友、家人或心理咨询师倾诉。外界的支持可以帮助你更好地应对这种伤害，找到解决方案。例如，小李最终向公司的人力资源部门寻求帮助，并得到了心理辅导的支持。

◎ **设定边界**：明确告诉施虐者你的底线，不要让他们的行为继续影响你的生活。必要时，可以考虑减少与施虐者的接触。例如，小李在与上司的多次沟通无果后，决定在工作中保持一定的距离。

◎ **专业帮助**：如果情况严重，建议寻求专业心理咨询师的帮助。他们可以提供更多的支持和指导，帮助你摆脱这种伤害。例如，小李在心理咨询师的帮助下，逐渐恢复了自信心，并找到了新的工作机会。

# 96 冻结创伤反应

——你是否曾在面对突如其来的打击时，身体和思维突然间停滞不前，像是时间在这一刻凝固了

在心理学中，有一种现象被称为"冻结创伤反应"。这种反应通常发生在个体在极度危险或压力的情况下，身体会自动进入一种高度警觉但不动的状态，仿佛要通过静止来躲避危险。这种现象不仅在动物界广泛存在，人类在某些特定情境下也会表现出类似的反应。然而，"冻结创伤反应"远比我们想象得复杂，它不仅仅是一种生理反应，更是心理创伤的重要组成部分。

## （一）什么是冻结创伤反应

冻结创伤反应是一种在面对极端威胁时的心理和生理反应。它与"战斗或逃跑"（Fight or Flight）反应相似，但不同之处在于，当"战斗或逃跑"无法解决问题时，个体会选择"冻结"，即进入一种高度警觉但不动的状态。这种反应可能表现为突然间身体僵硬、思维停滞甚至完全失去行动能力。

## （二）冻结创伤反应的机制

在创伤事件中，大脑会迅速进入一种防御状态。杏仁体，这

个负责处理情绪的大脑区域会高度活跃，释放大量的应激激素，如肾上腺素和皮质醇。这些激素会促使身体进入高度警觉状态，但同时也可能导致身体和思维的冻结。这种反应来自进化过程中的一种保护机制，帮助个体在无法通过战斗或逃跑来逃脱危险时，通过静止来降低被发现的可能性。

### 案例

小李是一名在北京工作的年轻人。某天晚上，他加班到很晚，独自一人走在回家的路上。突然，一名男子从黑暗中冲出，威胁他交出钱包。小李的心跳瞬间加速，肾上腺素激增，但他发现自己的身体无法动弹。他试图大声呼救，但声音却卡在了喉咙里。男子看到小李的反应后，迅速抢走了他的钱包，消失在夜色中。

回到家中，小李久久无法平静。他反复回顾当时的情景，感到愤怒和羞愧。他不明白为什么自己当时会如此懦弱，在面临危险时，他竟然无法做出任何反应。他开始怀疑自己的能力和勇气，甚至陷入了一段时间的抑郁状态。

小李的表现正是典型的"冻结创伤反应"。在这种极端情境下，身体的自然反应是为了保护自己，而不是因为自身的无能或懦弱。这种反应是大脑在极度压力下的自我保护机制，它帮助小李在那一瞬间避开了更大的危险。

## （三）冻结创伤反应的影响

"冻结创伤反应"不仅仅在事件发生时表现出来，它还可能在事后对个体产生深远的影响。许多经历过类似事件的人会感到自责、羞愧，甚至认为自己是个失败者。这种负面情绪可能会导致创伤后应激障碍的发生。

张女士是一名经历了家庭暴力的女性。每次丈夫发怒时，她都会感到身体僵硬，无法动弹。事后，她常常回想起那些情景，感觉自己毫无用处。然而，通过心理咨询，张女士逐渐意识到，她的这种反应是正常的，是为了在危险情境中保护自己。心理咨询师指导她如何应对这些负面情绪，她逐渐恢复了自信和生活的动力。

## （四）如何应对冻结创伤反应

- ◎ **认识到反应的正常性**：首先，要明白"冻结创伤反应"是一种正常的生理和心理反应，而不是个人无能或懦弱。
- ◎ **寻求专业帮助**：如果这种反应导致了严重的心理问题，如创伤后应激障碍，应寻求心理咨询师的帮助。
- ◎ **进行自我调节**：通过深呼吸、冥想等方法，帮助自己从高度警觉的状态中恢复过来。
- ◎ **建立支持系统**：与亲朋好友分享自己的经历，寻求他们的理解和支持。

## 97 鲁莽定律
——完成比完美更重要

我们每个人都会遇到这样的时刻：面对选择时，脑子里充满了"万一失败了怎么办？""我还没准备好""再等等吧"的声音。但你知道吗？心理学上有一个词叫"鲁莽定律"，它告诉我们：当你感到左右为难时，最该做的不是思考，而是立即行动。因为，完成比完美更重要。

### （一）什么是鲁莽定律

鲁莽定律是心理学中的一个概念，指的是当你感到犹豫不决时，应该立即行动，而不是过度思考。它的核心在于：行动本身比追求完美更重要，因为行动能带来新的信息和机会，而犹豫只会让你停滞不前。

### （二）鲁莽定律的心理学基础

心理学家研究发现，人类对不确定性的恐惧是导致犹豫的主要原因。我们害怕失败，害怕被否定，因此常常选择"等等看"。但实际上，行动能够激活大脑的奖励系统，即使结果不如预期，也能带来积极的心理体验。

2024年发表在《心理学前沿》上的一项研究指出，行动能够显著提高个体的自我效能感和幸福感。研究还发现，即使是微小的行动，也能带来积极的心理变化。

### 案例

小王是一名90后，大学毕业后进入了一家互联网公司工作。虽然工作稳定，但他一直有一个创业梦——开发一款帮助老年人使用智能手机的APP。

然而，每当他想要行动时，内心的恐惧就会让他退缩："我还没有足够的经验""市场会不会不接受？""万一失败了怎么办？"就这样，他的计划一拖再拖，整整三年过去了，他依然停留在"想"的阶段。

直到有一天，他读到了一篇关于鲁莽定律的文章，文章中提到："当你感到左右为难时，应该立即行动。"这句话深深触动了他。他决定不再犹豫，开始了自己的创业之路。

创业初期，小王遇到了很多困难：资金不足、团队不稳定、技术难题……但他没有退缩，而是不断地尝试和调整。他告诉自己："完成比完美更重要。"

经过一年的努力，小王的APP终于上线了。虽然初期用户不多，但他通过不断优化产品，逐渐赢得了市场的认可。如今，他的APP已经拥有了数百万用户，成为了帮助老年人融入数字化生活的标杆产品。

小王的故事告诉我们,行动比犹豫更能带来成功。即使初期困难重重,只要勇敢地迈出那一步,就有可能收获意想不到的成果。

## (三)鲁莽定律的实践应用

如何在日常生活中应用鲁莽定律?以下是一些实用的建议:
- ◎ **设定小目标**:不要一开始就追求完美,设定一些小目标,逐步完成。
- ◎ **接受不完美**:认识到不完美是成长的一部分,接受并从中学习。
- ◎ **立即行动**:当你感到犹豫时,立即行动,不要给自己太多思考的时间。

## (四)鲁莽定律的长期影响

鲁莽定律不仅适用于创业或重大决策,它还可以改变我们的思维方式。通过不断行动,我们可以逐渐培养出一种"行动者心态"——不再害怕失败,而是将每一次尝试都视为成长的机会。

完成比完美更重要,行动的力量,超乎你的想象!

 **情感紊乱症**

——当一个人失去真爱时,情感紊乱症会以多种症状表现出来

你是否见过一个人,因为失去最爱的人而彻底失去了自己?仿佛一夜之间,原本充满活力的生命变得黯淡无光,整个世界都失去了颜色。这并不是夸张的比喻,而是心理学上真实存在的现象——情感紊乱症。

## (一)情感紊乱症的症状

心理学家研究表明,当一个人失去真爱时,情感紊乱症会以多种症状表现出来。这些症状不仅仅是情绪上的波动,更是生理上的反应,让人难以自拔。

◎ **完全失去食欲**:张华(化名)是一名在大城市工作的白领,他的妻子因病去世后,他一夜之间变得憔悴不堪。即使是再美味的食物放在面前,他也丝毫没有胃口。这并不是简单的不饿,而是因为情绪对肠胃的消化能力产生了直接影响。心理学研究指出,压力和悲伤会释放大量的皮质醇,这种激素会抑制食欲中枢,导致无法进食。据《临床心理学杂志》(*Journal of Clinical Psychology*)的研究,皮质醇不仅影响食欲,还会削弱免

疫系统，使人更容易生病。

◎ **呼吸困难**：李娜（化名）在和男友分手后，经常感到胸闷和呼吸困难，仿佛有一块石头压在胸口。她甚至无法集中注意力完成工作，每天都处于焦虑和不安的状态。这种现象在心理学中被称为"心理性呼吸困难"，是因为悲伤过度激活了自主神经系统，导致呼吸肌肉紧张和胸腔压迫感。《心身医学》（*Psychosomatic Medicine*）2022年的一项研究显示，心理性呼吸困难不仅影响日常生活，还可能导致其他心理问题，如焦虑症和抑郁症。

◎ **失眠**：王刚（化名）在失去父亲后，每晚都无法入睡。一躺在床上，脑海中就会不断浮现父亲的音容笑貌，思绪如潮水般涌来，让他根本无法入眠。长期的失眠会导致身体和精神的双重疲劳，进一步加重情感紊乱的症状。心理学研究表明，失去重要关系会导致大脑的杏仁核（负责情绪处理的区域）过度活跃，影响睡眠质量。《睡眠医学评论》（*Sleep Medicine Reviews*）2023年的研究指出，失眠还可能导致记忆力减退和认知功能下降，影响日常生活。

◎ **情绪崩溃**：赵小雨（化名）在朋友的陪伴下，仍然会突然哭泣，情绪波动异常强烈。即使是在最亲密的场合，她也无法控制自己的情绪。这种情绪失控被称为"情感爆发"，是因为悲伤过度积累，导致情绪调节机制失灵。长期的情感爆发不仅会对自身造成伤害，还可能影响周围人的心理健康。《情感障碍杂志》（*Journal of Affective Disorders*）2024年的研究发现，情感爆发与大脑中的前扣带回和前岛叶活动异常有关，这些区域的过度激活会导致情绪失控。

## （二）情感紊乱症的心理学解释

情感紊乱症不仅仅是表面上的症状，其背后涉及复杂的心理机制。当一个人失去真爱时，大脑中的前扣带回和前岛叶会被激活，导致产生强烈的痛苦感。同时，下丘脑和垂体会释放压力激素，影响全身的生理功能。这种生理和心理的双重打击，使得个体难以迅速恢复。

### 1. 神经生物学机制

◎ **前扣带回**：负责情绪调节，过度激活时会导致情绪失控和焦虑。

◎ **前岛叶**：参与情绪感知和身体感觉，过度激活时会导致身体不适和情感爆发。

◎ **下丘脑和垂体**：释放皮质醇等压力激素，影响食欲、睡眠和免疫系统。

### 2. 心理机制

◎ **认知失调**：失去真爱后，个体的自我认同和认知模式受到挑战，导致认知失调。

◎ **情绪依附**：长时间的情感依附使人难以接受分离，导致情感紊乱。

◎ **社交支持**：缺乏有效的社交支持会使个体更容易陷入情感紊乱。

## （三）如何走出情感紊乱

对于那些深受情感紊乱症困扰的人，除了时间的治愈，最重要的是修正自我价值观和认知模式。心理学家建议，通过认知行为疗法（CBT）和正念冥想，可以帮助个体重新建立对生活的积极态度。

### 1. 认知行为疗法（CBT）

专业的心理咨询可以帮助个体识别和改变负面的思维模式。例如，张华在咨询过程中意识到，失去妻子虽然是巨大的打击，但他依然可以继续追求自己的梦想，享受生活。这种认知的改变，让他逐渐恢复了对生活的热情。CBT的主要步骤包括：

- ◎ **识别负性自动思维**：帮助个体认识到自己的负面思维。
- ◎ **挑战负性思维**：通过逻辑分析，帮助个体看到思维的不合理之处。
- ◎ **建立正性思维**：通过积极的自我对话，帮助个体建立新的、积极的思维模式。

### 2. 正念冥想

正念冥想可以帮助个体更好地管理情绪，减少焦虑和抑郁。李娜每天坚持冥想，慢慢地，她感到内心变得更加平静，呼吸也变得顺畅。正念冥想不仅是一种放松技巧，更是一种深刻的心理疗愈过程。正念冥想的主要步骤包括：

- ◎ **专注呼吸**：通过集中注意力在呼吸上，帮助个体放松身心。
- ◎ **观察思维**：不带评判地观察自己的思维，让思维自然流动。
- ◎ **接纳情绪**：通过接纳而不是抗拒情绪，帮助个体减少情绪波动。

##  冒充者综合征
### ——你有过自我能力否定的时候吗

许多人曾有过这样的感受：明明取得了不错的成绩，却总觉得自己不像表面上看起来那么优秀。心理学上有一个词专门描述这种感受——冒充者综合征。这个词最早由心理学家保罗琳·克朗斯（Pauline Clance）和苏珊娜·艾姆斯（Suzanne Imes）在1978年提出，用来描述那些在工作中表现出色，但内心却坚信自己是通过运气或其他方式欺骗他人，而不是凭借真实能力获得成功的人。

### （一）冒充者综合征的表现

- ◎ **自我怀疑**：即使在取得显著成就后，个体仍然会质疑自己的能力。
- ◎ **归因于外部因素**：他们倾向于将成功归因于运气、努力或他人的帮助，而不是自己的才能。
- ◎ **恐惧被揭穿**：害怕自己有一天会被别人发现其实是个"冒牌货"。
- ◎ **完美主义倾向**：对自我要求极高，害怕任何失败或瑕疵。

**案例**

张明（化名）是一名30岁的成功企业家，刚刚获得了某知名风投的投资。表面上，他是一切都顺遂的典范，但内心深处却充满了不安和怀疑。每当有新项目成功上线，他总觉得自己只是运气好，同事和投资者对他的认可不过是因为他们没有发现他的"真实面目"。这种感觉让他夜不能寐，甚至在一次重要的会议前，他几乎想放弃。

一次偶然的机会，张明在心理咨询师的建议下，开始深入探讨自己的这种感受。通过一系列的心理测试和访谈，他逐渐意识到，这种自我怀疑并不是他独有的。事实上，许多成功人士曾经历过类似的困境。心理咨询师告诉他，冒充者综合征是一种普遍的心理现象，特别是对于那些在压力下成长的人来说。

## （二）为什么我们会感到自己是冒牌货

- ◎ **成长环境**：从小在高期望和严格要求的环境中长大，可能会导致个体对自我的评价过高或过低。
- ◎ **社会比较**：在社交媒体和现实生活中，我们不断与他人进行比较，这种比较往往放大了自己的不足。
- ◎ **完美主义**：追求完美的人更容易陷入自我怀疑，因为他们很难接受自己有任何缺点。

## （三）如何应对冒充者综合征

◎ **认知重构**：通过心理咨询或自我反思，重新认识自己的能力和成就，学会客观评价自己的表现。
◎ **积极对话**：与信任的同事、朋友或家人分享自己的感受，获得他们的支持和鼓励。
◎ **自我接纳**：接受自己的不完美，每个人都有优点和缺点，这是正常的。

近年来，关于冒充者综合征的研究越来越多。一项发表在《心理学研究》上的研究表明，大约70%的人在职业生涯中曾经历过冒充者综合征。另一项研究发现，这种现象在高绩效学生和职场人士中尤为普遍。

张明的例子并不是个例。在心理咨询师的指导下，他逐渐学会了应对自己的怀疑和恐惧。通过认知重构和积极对话，他终于能够更好地接受自己的成就，不再感到自己是个冒牌货，不仅在事业上更加自信，也在个人生活中找到了更多的平衡和满足。

冒充者综合征虽然普遍，但通过认知重构、积极对话和自我接纳，我们完全可以战胜它。记住，真正的自信不在于外在的成功，而在于内心的平和与对自己的认可。每个人都有自己的舞台，不必为了别人的掌声而否定自己。

## 100 梦境暗示

——你做的梦，都暗示着什么

你是否曾在做梦醒来后，却分辨不清那是梦还是现实？"梦境暗示"，这个心理学上的术语，或许你并不陌生。它是指在梦中出现的某些图像、声音、情感或者情节，通过某种方式对我们的现实生活产生影响。这种影响有时是短暂的，有时则可能深入我们的潜意识中，引发一系列的反应。梦境暗示的研究历史悠久，但直到近几十年，随着睡眠科学和神经心理学的发展，我们才开始真正理解它背后的复杂机制。

### 案例

李琳是一名普通的上班族，每天的生活节奏紧张而规律。然而，最近她开始经历一种奇怪的现象：连续几周，几乎每晚她都会梦到自己身处一个陌生的城市，独自漫步在繁华的街头，总是感觉有人在跟踪她。起初，她并没有将这些梦放在心上，只是偶尔会觉得有些不安。然而，随着时间的推移，这种梦越来越频繁，每次醒来后，她都会感到一种莫名的恐慌。

某天，李琳去参加一位朋友的婚礼。婚礼现场人来人往，热闹非凡。她突然觉得身后有人在靠近，回头一看，却没人。这种感觉让她非常不安，她甚至开始怀疑是不是自己的神经出了问题。回家后，她决定向一位心理咨询师求助。

咨询师听完李琳的描述后，立即意识到这可能是梦境暗示的作用。经过几次深入的谈话，咨询师发现李琳最近有一些工作上的压力和人际关系的困扰。这些不安的情绪在梦中被放大，并通过梦境暗示的方式渗透到了她的日常生活中，使她感到更加紧张和恐惧。

## （一）梦境暗示的科学解释

梦境暗示的原理可以追溯到弗洛伊德的潜意识理论。弗洛伊德认为，梦境是潜意识欲望和冲突的表达形式。现代心理学家进一步研究发现，梦境中的图像和情感不仅反映了我们的内心世界，还可能通过特定的神经机制影响我们的行为和情绪。

近期的一项研究发现，梦中的情感体验与前额叶皮层的活动密切相关。前额叶皮层是大脑中负责决策、情绪调节和社交行为的区域。当我们在梦中经历强烈的情感体验时，这些情感信号可以通过前额叶皮层传递到我们的清醒状态，进而影响我们的行为和情绪。

## （二）梦境暗示的积极应用

尽管梦境暗示可能带来负面影响，但心理学家们也发现，如果运用得当,它可以成为一种有效的心理治疗工具。例如,认知行为疗法(CBT)中的一种技术——梦境重演就是通过引导个体在清醒状态下重新构建梦中的场景,从而改变梦境中的情感体验,达到缓解焦虑和压力的目的。

**案例**

张明是一名患有创伤后应激障碍(PTSD)的退伍军人。他经常梦到战场上的情景,梦中的恐惧和痛苦让他无法入睡。心理咨询师建议他尝试梦境重演,通过在白天反复回顾和重新构建这些梦中的场景,张明逐渐学会了如何在梦中面对和化解这些情绪。几个月后,他的睡眠质量明显改善,梦中的恐惧也变得没那么强烈了。

## (三)如何应对梦境暗示

- ◎ **记录梦境**:每天醒来后,尽量详细地记录你的梦境,包括梦中的图像、情感和情节。这有助于你更好地理解梦境的来源和背后的心理含义。
- ◎ **放松身心**:通过冥想、深呼吸等方法来放松身心,减少日常生活中的压力和焦虑。
- ◎ **寻求专业帮助**:如果你的梦境对你的生活产生了负面影响,建议寻求心理咨询师的帮助。专业的咨询师可以通过多种技术帮助你缓解梦境带来的困扰。

◎ **积极构建梦**：尝试在睡前进行积极的想象练习，如想象自己在一个美好、宁静的地方，这有助于改善你的梦境质量。

梦境是心灵的镜像，也是现实的预演。了解它，能更好地驾驭自己的情感和生活。愿你的每个梦，都能带给你力量和启示。